Uni-Taschenbücher 520

T0222984

UTB

Eine Arbeitsgemeinschaft der Verlage

Birkhäuser Verlag Basel und Stuttgart
Wilhelm Fink Verlag München
Gustav Fischer Verlag Stuttgart
Francke Verlag München
Paul Haupt Verlag Bern und Stuttgart
Dr. Alfred Hüthig Verlag Heidelberg
J. C. B. Mohr (Paul Siebeck) Tübingen
Quelle & Meyer Heidelberg
Ernst Reinhardt Verlag München und Basel
F. K. Schattauer Verlag Stuttgart — New York
Ferdinand Schöningh Verlag Paderborn
Dr. Dietrich Steinkopff Verlag, Darmstadt
Eugen Ulmer Verlag Stuttgart
Vandenhoeck & Ruprecht in Göttingen und Zürich
Verlag Dokumentation München-Pullach
Westdeutscher Verlag / Leske Verlag Opladen

Klaus-Dieter Drews

Lineare Gleichungssysteme und lineare Optimierungsaufgaben

Mit 14 Abbildungen und 28 Tabellen

Springer-Verlag Berlin Heidelberg GmbH

Dr. KLAUS-DIETER DREWS, geboren 1938 in Rostock, studierte 1956–1961 Mathematik an der Universität Rostock. Mathematik-Diplom 1961, Promotion zum Dr. paed. 1971. Wissenschaftlicher Assistent an der Universität Rostock (1961–1967 am damaligen Mathematischen Institut, 1968–1971 am Rechenzentrum). Seit 1971 Lektor an der Sektion Mathematik der Universität Rostock. Hauptarbeitsgebiete: Problemanalyse und Programmierung; Forschung auf dem Gebiet der Aufbereitung mathematischer (insbesondere numerischer) Methoden für die Schulmathematik bzw. für Grundvorlesungen.

ISBN 978-3-7985-0434-9 ISBN 978-3-642-85293-0 (eBook)
DOI 10.1007/978-3-642-85293-0

Lizenzausgabe 1976 des VEB Deutscher Verlag der Wissenschaften, Berlin

Ursprünglich erschienen bei VEB Deutscher Verlag der Wissenschaften, Berlin 1975

Einbandgestaltung: Alfred Krugmann, Stuttgart

Gebunden bei der Großbuchbinderei Sigloch, Stuttgart

Vorwort

Themen dieses Buches sind die Bestimmung der Lösungen von linearen Gleichungssystemen, die Matrizenrechnung sowie die Bestimmung der Lösungen von linearen Optimierungsaufgaben. Dabei stehen sowohl die Herleitung der wesentlichen theoretischen Aussagen als auch die Bereitstellung von algorithmisch aufbereiteten Rechenverfahren im Vordergrund, und zwar erfolgt die Entwicklung der Theorie unmittelbar in Verbindung mit den Lösungsalgorithmen. Diese wurden unter den in der Praxis üblichen Verfahren ausgewählt und erhalten Formulierungen, die dem Leser das übersichtliche Durchrechnen von Beispielen ermöglichen, aber auch eine Verwendbarkeit in modernen programmgesteuerten Rechenautomaten erkennen lassen; die hierfür angegebenen Flußbilder machen mit einer wichtigen Technik zur Darstellung von Algorithmen bekannt.

Der Stoff ist so abgefaßt, daß er schon für Schüler der Abiturstufe verständlich wird. Ein umfangreicher Aufgabenteil dient der Festigung, regt aber auch zu gewissen Weiterführungen an. Weil die mathematische Theorie mit den wesentlichsten Begriffen des Themenkreises, aber auf numerische Lösungsverfahren orientiert, entwickelt wird und bezüglich dieses Vorhabens ohne Lücken dargestellt ist, hoffe ich, daß das Buch ebenso in Studienrichtungen, die die Mathematik anwenden, genutzt werden kann.

Die Einführung in die Matrizenrechnung und in die Theorie der linearen Gleichungssysteme geschieht hier aus Gründen der methodischen Vereinfachung und handlicheren Verwendbarkeit in den Lösungsalgorithmen zunächst ohne die Begriffe der linearen Unabhängigkeit und des Ranges im wesentlichen mit dem Gaußschen Algorithmus und der Äquivalenz von Gleichungssystemen. Erst nachdem die Struktur der allgemeinen Lösungen bestimmt wurde, erfolgt eine abgerundete Zusammenfassung der Theorie durch Aussagen über die lineare Unabhängigkeit von Vektoren und den Rang einer Matrix sowie durch eine Formulierung der Hauptsätze über lineare Gleichungssysteme mittels dieser Begriffe; damit ist auch der unmittelbare Anschluß für ein weitergehendes Studium der Vektorräume gegeben. Determinanten werden nicht verwendet.

Unabhängig davon gehen die Überlegungen noch in zwei Richtungen weiter: Das Gauß-Seidelsche Verfahren führt ein in die häufig auftretenden iterativen Lösungsverfahren, und schließlich werden die in praktischen Anwendungen sehr bedeutsame Simplexmethode und eine Lösungsmethode für Transportprobleme behandelt, wobei die theoretische Rechtfertigung auf dem vorher entwickelten Matrizenkalkül beruht.

Mein Dank gilt dem Herausgeber dieser Reihe, Herrn Professor Dr. H. Karl, der durch kritische Bemerkungen wesentliche Verbesserungen am Manuskript veranlaßte, und dem VEB Deutscher Verlag der Wissenschaften für die Aufnahme des Bandes. In besonderem Maße danke ich jedoch Herrn Professor Dr. W. Engel dafür, daß er die Entstehung des Manuskriptes von Anfang an in jeder Hinsicht gefördert hat.

Klaus-Dieter Drews

Rostock, Juli 1974

Inhalt

I. Lineare Gleichungssysteme — spezielle Fälle 7

1. Grundsätzliches zur Problematik 7
2. Der Gaußsche Algorithmus 10
3. Das skalare Produkt, Flußbilder 15
4. Der verkettete Algorithmus 20
5. Zusammenfassung 27
6. Äquivalente Gleichungssysteme 28
7. Gleichungssysteme von n Gleichungen mit n Variablen 30

Aufgaben 34

II. Matrizen 37

1. Multiplikation und Addition von Matrizen 37
2. Reguläre und singuläre Matrizen 45
3. Die inverse Matrix einer regulären Matrix 49

Aufgaben 54

III. Lineare Gleichungssysteme — allgemeiner Fall 59

1. Allgemeine Lösungen von (gestaffelten) Gleichungssystemen . . 59
2. Beliebige Gleichungssysteme 67
3. Der Rang einer Matrix, Hauptsätze über lineare Gleichungssysteme 72

Aufgaben 78

IV. Das Gauß-Seidelsche iterative Verfahren 81

1. Grundsätzliches zur Problematik 81
2. Beschreibung des Verfahrens 84
3. Konvergenzbeweis 88
4. Fehlerabschätzung 94

Aufgaben 100

V. Lineare Optimierungsaufgaben, Simplexmethode 103

1. Festlegungen zur Aufgabenform 103
2. Einführungsbeispiel 105
3. Der Simplexschritt 110
4. Struktur der Simplextabellen, optimale Tabellen 113
5. Sonderfälle 120
6. Gleichheitszeichen und $\geqq$-Zeichen in den Restriktionen 121
Aufgaben 127

VI. Eine Lösungsmethode für Transportprobleme 130

1. Ausgangstabelle, Diagonalmethode, Turmzüge 130
2. Transporttabellen, Austauschschritte 134
3. Bemerkungen zur Durchführbarkeit der Methode 139
Aufgaben 142

Lösungen zu den Aufgaben 143

Literaturhinweise 151

Sachverzeichnis 152

I. Lineare Gleichungssysteme — spezielle Fälle

1. Grundsätzliches zur Problematik

Wir betrachten zwei Aufgabenstellungen aus verschiedenen praktischen Anwendungsgebieten der Mathematik:

1. Die Ergebnisse der Bodenuntersuchung, die Bedürfnisse der verwendeten Fruchtfolge sowie die zur Verfügung stehenden Handelsdünger ergaben für einen Schlag, daß eine Düngemittelmischung die in Tabelle 1 genannten Mengen enthalten muß. Um den Erfordernissen zu entsprechen, müssen die Werte der Variablen x_1, x_2, x_3, x_4 das *lineare Gleichungssystem*

$$\begin{aligned} 20x_1 + 15x_2 &= 180, \\ 21x_3 &= 150, \\ 27x_1 + 44x_2 + 60x_3 + 70x_4 &= 1600 \end{aligned}$$

von drei Gleichungen mit vier Variablen erfüllen.

2. Die drei Produktionszweige Kohleindustrie, Elektroenergieerzeugung und Gaserzeugung mögen die Gesamtproduktion x_1, x_2 bzw. x_3 (jeweils in 10^6 M) haben. Jeder Zweig verbraucht davon einen gewissen Teil selbst, liefert an die beiden anderen und an

Tabelle 1

	P_2O_5	N	CaO	Mischungsmenge in dt
Erforderliche Menge in dt	1,8	1,5	16	—
Zusammensetzung von				
Mg-Phosphat	20%	—	27%	x_1
Thomasphosphat	15%	—	44%	x_2
Kalkstickstoff	—	21%	60%	x_3
Kohlensaurer Düngekalk	—	—	70%	x_4

Abnehmer außerhalb dieser drei Industriezweige (außerhalb des Verflechtungssystems). Wir wollen ansetzen, daß die Lieferung an einen der drei Produktionszweige jeweils der Gesamtproduktion dieses Zweiges proportional ist, und somit liefere der i-te Zweig an den k-ten Zweig den Teil $m_{ik}x_k$ und an andere Abnehmer den Teil a_i $(i, k = 1, 2, 3)$. Demnach müssen folgende Gleichungen bestehen:

$$\begin{aligned} x_1 &= m_{11}x_1 + m_{12}x_2 + m_{13}x_3 + a_1, \\ x_2 &= m_{21}x_1 + m_{22}x_2 + m_{23}x_3 + a_2, \\ x_3 &= m_{31}x_1 + m_{32}x_2 + m_{33}x_3 + a_3, \end{aligned}$$

wobei die (dimensionslosen) Proportionalitätsfaktoren m_{ik} sich aus der Struktur der Verflechtung der Industriezweige bestimmen und für unsere Zwecke als gegeben anzusehen sind. Fordern nun die Abnehmer die Mengen a_1, a_2, a_3 an Kohle, Strom bzw. Gas, so müssen in den drei Industriezweigen Werte x_1, x_2, x_3 produziert werden, die das *lineare Gleichungssystem*

$$\begin{aligned} (1 - m_{11})x_1 - m_{12}x_2 - m_{13}x_3 &= a_1, \\ -m_{21}x_1 + (1 - m_{22})x_2 - m_{23}x_3 &= a_2, \\ -m_{31}x_1 - m_{32}x_2 + (1 - m_{33})x_3 &= a_3 \end{aligned}$$

von drei Gleichungen mit drei Variablen erfüllen.

Diese Beispiele geben Hinweise zum Ansatz einer allgemeinen Aufgabenstellung, nämlich einer Untersuchung der linearen Gleichungssysteme von beliebig vielen Gleichungen mit beliebig vielen Variablen. Wir wollen im folgenden eine theoretische Übersicht für die Behandlung dieser allgemeinen Aufgabe erarbeiten; mittels der dabei zu entwickelnden Methoden lassen sich dann auch die eingangs formulierten speziellen Aufgaben, die die Wichtigkeit dieser Untersuchungen für verschiedenste Bereiche der Praxis andeuten, übersichtlich behandeln.

Am Anfang unserer theoretischen Überlegungen stehen als einfachster allgemeiner Fall lineare Gleichungssysteme

$$\begin{aligned} a_{11}x_1 + a_{12}x_2 &= a_1, \\ a_{21}x_1 + a_{22}x_2 &= a_2 \end{aligned} \tag{1.1}$$

von zwei Gleichungen mit zwei Variablen. Dabei sind $a_{11}, a_{12}, a_{21}, a_{22}, a_1, a_2$ gegebene Zahlen, und die Aufgabe besteht darin, alle

Wertepaare zu bestimmen, die das Variablenpaar (x_1, x_2) annehmen kann, um beide Gleichungen zu erfüllen. Jedes solche Wertepaar nennt man eine *Lösung*, genauer eine *spezielle Lösung* des Gleichungssystems. Zur Sprechweise sei folgendes vermerkt: Unter „Zahlen" verstehen wir stets Elemente aus dem Bereich der reellen Zahlen. (Im Ergebnis unserer Überlegungen läßt sich feststellen, daß wir alle Betrachtungen auf den Bereich der rationalen Zahlen beschränken könnten, weil mit den auftretenden Zahlen nur Additionen, Subtraktionen, Multiplikationen und Divisionen ausgeführt werden.) Variabilitätsbereich für Variablen seien ebenfalls die reellen Zahlen; wird einer Variablen eine bestimmte Zahl zugeordnet (für eine Variable eine bestimmte Zahl eingesetzt), so heiße diese Zahl der „Wert" der Variablen.

Um die Notwendigkeit der genaueren Untersuchung linearer Gleichungssysteme zu unterstreichen, betrachten wir zwei Beispiele, die beweisen, daß keineswegs jedes lineare Gleichungssystem genau eine (spezielle) Lösung besitzt. Das Beispiel

$$\begin{aligned} 2x_1 + x_2 &= 3, \\ 4x_1 + 2x_2 &= 5 \end{aligned}$$

zeigt, daß es lineare Gleichungssysteme gibt, die keine Lösung besitzen. Gäbe es nämlich ein Wertepaar für (x_1, x_2), das diese beiden Gleichungen gleichzeitig erfüllt, so müßte dieses Wertepaar gleichzeitig auch den Gleichungen

$$\begin{aligned} 4x_1 + 2x_2 &= 6, \\ 4x_1 + 2x_2 &= 5 \end{aligned}$$

(linke und rechte Seite der ersten Gleichung sind mit 2 multipliziert worden) genügen, und dann müßte $6 = 5$ sein. Da dies falsch ist, kann es keine Lösung des Beispiels geben.

Das zweite Beispiel

$$\begin{aligned} 2x_1 + x_2 &= 0, \\ 4x_1 + 2x_2 &= 0 \end{aligned}$$

zeigt, daß es lineare Gleichungssysteme gibt, die unendlich viele spezielle Lösungen besitzen. Wählt man nämlich eine beliebige Zahl t und setzt $x_1 = t$, $x_2 = -2t$, so gilt

$$2x_1 + x_2 = 2t + (-2t) = 0$$

und

$$4x_1 + 2x_2 = 4t + 2(-2t) = 0,$$

d. h., beide Gleichungen sind erfüllt. Durch

$$x_1 = t, \quad x_2 = -2t \quad (t \text{ beliebige Zahl})$$

sind demnach unendlich viele voneinander verschiedene Lösungen des zweiten Beispiels beschrieben.

Nach diesen grundsätzlichen Feststellungen wollen wir uns von dem speziellen Fall linearer Gleichungssysteme von zwei Gleichungen mit zwei Variablen lösen. Unser Ziel ist es, ein Verfahren kennenzulernen, nach welchem man sämtliche Lösungen linearer Gleichungssysteme von beliebig vielen Gleichungen mit beliebig vielen Variablen (wobei keineswegs die Anzahl der Gleichungen mit der Anzahl der Variablen übereinstimmen muß) bestimmen kann. Diese Aufgabe löst der verkettete Algorithmus von GAUSS-BANACHIEWICZ. Eine Vorstufe davon ist der Gaußsche Algorithmus, den wir zuerst darstellen wollen, indem wir als Beispiel ein lineares Gleichungssystem von vier Gleichungen mit vier Variablen betrachten.[1])

Da in Zukunft bei uns nur lineare Gleichungssysteme auftreten, d. h. Gleichungen, in denen die Variablen nur in der ersten Potenz vorkommen, wollen wir auch kürzer „Gleichungssysteme" oder „Systeme" sagen, also den Zusatz „linear" weglassen.

2. Der Gaußsche Algorithmus

Gegeben sei das Gleichungssystem

$$\begin{aligned} 2x_1 + 3x_2 - x_3 \phantom{{}+2x_4} &= 20, \\ -6x_1 - 5x_2 \phantom{{}+6x_3} + 2x_4 &= -45, \\ 2x_1 - 5x_2 + 6x_3 - 6x_4 &= -3, \\ 4x_1 + 2x_2 + 3x_3 - 3x_4 &= 33. \end{aligned} \tag{2.1}$$

[1]) Die im folgenden zur Erarbeitung der Theorie benutzten Beispiele sind vorrangig unter dem Gesichtspunkt ausgewählt worden, daß die nötige numerische Rechnung auf keine Schwierigkeiten stößt; wir verzichten daher bei ihnen darauf, Bezugspunkte zur Praxis anzudeuten.

Die Variablen x_1, x_2, x_3 und x_4 dieses Gleichungssystems fassen wir zusammen zu einem sogenannten *Vektor* (auch *Spaltenvektor*) in der Form

$$\begin{pmatrix} x_1 \\ x_2 \\ x_3 \\ x_4 \end{pmatrix}.$$

In diesem Zusammenhang nennt man $x_1, \ldots, x_4$ auch die *Komponenten* des Vektors. Erhalten die Variablen $x_1, \ldots, x_4$ bestimmte Werte, z. B. $x_1 = 0$, $x_2 = 9$, $x_3 = 7$, $x_4 = 0$[1]), so kann diese Tatsache durch eine Vektorgleichung

$$\begin{pmatrix} x_1 \\ x_2 \\ x_3 \\ x_4 \end{pmatrix} = \begin{pmatrix} 0 \\ 9 \\ 7 \\ 0 \end{pmatrix}$$

beschrieben werden. Diese Schreibweise hat den Vorteil, daß sie zum Ausdruck bringt, daß in diesem Zusammenhang z. B. nicht der Wert der Variablen x_1 für sich von Interesse ist, sondern nur die Werte aller vier Variablen, d. h. Vektoren von vier Zahlen.

Die Aufgabe, das Gleichungssystem (2.1) zu lösen, kann nun so formuliert werden, daß sämtliche Vektoren von vier Zahlen für

$$\begin{pmatrix} x_1 \\ x_2 \\ x_3 \\ x_4 \end{pmatrix}$$

bestimmt werden müssen, die alle Gleichungen von (2.1) erfüllen. Zur Erledigung dieser Aufgabe formt der Gaußsche Algorithmus das gegebene Gleichungssystem in systematischer Art und Weise um. Im ersten Schritt wird die Variable x_1 mittels der ersten Gleichung aus der zweiten bis vierten Gleichung eliminiert, indem

[1]) Diese Werte erfüllen nicht sämtliche Gleichungen von (2.1); es handelt sich also nicht um eine Lösung von (2.1).

geeignete Vielfache der ersten Gleichung zu den anderen addiert werden. Wird die erste Gleichung mit 3 bzw. —1 bzw. —2 multipliziert und sodann zur zweiten bzw. dritten bzw. vierten Gleichung addiert, so entsteht aus (2.1) das Gleichungssystem

$$
\begin{aligned}
2x_1 + 3x_2 - x_3 \phantom{{}+2x_4} &= 20,\\
4x_2 - 3x_3 + 2x_4 &= 15,\\
-8x_2 + 7x_3 - 6x_4 &= -23,\\
-4x_2 + 5x_3 - 3x_4 &= -\ 7.
\end{aligned}
\tag{2.2}
$$

Da man aus (2.2) das System (2.1) wiedergewinnen kann, indem man die soeben durchgeführten Umformungsschritte rückgängig macht[1]), gilt die Feststellung, daß die Systeme (2.1) und (2.2) dieselben Lösungen (evtl. beide keine Lösung) besitzen.[2])

Im zweiten Schritt des Gaußschen Algorithmus wird die Variable x_2 mittels der zweiten Gleichung von (2.2) aus der dritten und vierten Gleichung von (2.2) eliminiert. Man multipliziere dazu die zweite Gleichung mit 2 bzw. 1 und addiere sie sodann zur dritten bzw. vierten Gleichung, wodurch man aus (2.2) das Gleichungssystem

$$
\begin{aligned}
2x_1 + 3x_2 - x_3 \phantom{{}+2x_4} &= 20,\\
4x_2 - 3x_3 + 2x_4 &= 15,\\
x_3 - 2x_4 &= 7,\\
2x_3 - x_4 &= 8
\end{aligned}
\tag{2.3}
$$

erhält. Die Umformungsschritte von (2.2) nach (2.3) lassen sich rückgängig machen, und es gilt daher die Feststellung, daß die Systeme (2.2) und (2.3) und damit auch die Systeme (2.1) und (2.3) dieselben Lösungen besitzen.

Im dritten Schritt des Gaußschen Algorithmus wird die Variable x_3 mittels der dritten Gleichung von (2.3) aus der vierten Gleichung von (2.3) eliminiert, indem die dritte Gleichung mit —2 multipliziert und sodann zur vierten Gleichung addiert wird. Man

[1]) Man multipliziere die erste Gleichung in (2.2) mit —3 bzw. 1 bzw. 2 und addiere sie zur zweiten bzw. dritten bzw. vierten Gleichung in (2.2).

[2]) Diese Schlußweise wird in Abschnitt 6 begründet.

erhält dadurch aus (2.3) das Gleichungssystem

$$\begin{aligned} 2x_1 + 3x_2 - x_3 &= 20, \\ 4x_2 - 3x_3 + 2x_4 &= 15, \\ x_3 - 2x_4 &= 7, \\ 3x_4 &= -6. \end{aligned} \tag{2.4}$$

Wiederum gilt, daß die Systeme (2.3) und (2.4) und damit auf Grund der vorigen Feststellung die Systeme (2.1) und (2.4) dieselben Lösungen haben.

Das Gleichungssystem (2.4) besitzt nun aber eine besondere Gestalt, der man sofort ansieht, daß das Gleichungssystem eine Lösung hat, und zwar genau eine. Für einen Lösungsvektor von (2.4) ist nämlich durch die vierte Gleichung der Wert von x_4 eindeutig bestimmt, sodann durch die dritte Gleichung der Wert von x_3 usw. Man nennt ein Gleichungssystem dieser Gestalt ein *gestaffeltes* Gleichungssystem. Da (2.1) und (2.4) dieselben Lösungen haben, erhält man für die Lösung von (2.1) aus (2.4) der Reihe nach

$$\begin{aligned} x_4 &= -2, \\ x_3 &= 7 + 2(-2) = 3, \\ x_2 &= \big(15 + 3 \cdot 3 - 2(-2)\big)/4 = 7, \\ x_1 &= (20 - 3 \cdot 7 + 3)/2 = 1. \end{aligned}$$

Das Ergebnis wollen wir so beschreiben: Die allgemeine Lösung von (2.1) ist

$$\begin{pmatrix} x_1 \\ x_2 \\ x_3 \\ x_4 \end{pmatrix} = \begin{pmatrix} 1 \\ 7 \\ 3 \\ -2 \end{pmatrix}.$$

Die Bestimmung der allgemeinen Lösung von (2.1) kann in einem Schema zusammengefaßt werden, das Tabelle 2 zeigt. Durch waagerechte Striche ist das Schema in Felder eingeteilt. Die links in einem Feld durch Klammern abgetrennten Zahlen sind die Faktoren, mit denen die erste Gleichung des vorhergehenden Feldes zu multiplizieren ist, bevor sie zur Elimination einer Variablen zu den nachfolgenden Gleichungen ihres Feldes addiert

Tabelle 2

$2x_1 + 3x_2 - x_3 = 20$ $-6x_1 - 5x_2 + 2x_4 = -45$ $2x_1 - 5x_2 + 6x_3 - 6x_4 = -3$ $4x_1 + 2x_2 + 3x_3 - 3x_4 = 33$	$x_1 = (20 - 3 \cdot 7 + 3)/2 = 1$
3) $4x_2 - 3x_3 + 2x_4 = 15$ $-1)$ $-8x_2 + 7x_3 - 6x_4 = -23$ $-2)$ $-4x_2 + 5x_3 - 3x_4 = -7$	$x_2 = (15 + 3 \cdot 3 - 2(-2))/4 = 7$
2) $x_3 - 2x_4 = 7$ 1) $2x_3 - x_4 = 8$	$x_3 = 7 + 2(-2) = 3$
$-2)$ $3x_4 = -6$	$x_4 = -2$

wird. Im rechten Teil des Schemas erfolgte die „Aufrechnung der Variablen" an den ersten Gleichungen jedes Feldes, den Gleichungen des gestaffelten Gleichungssystems (2.4).

Eine abgekürzte Schreibweise des Rechenschemas, die weniger Schreibarbeit erfordert, aber dennoch alle wichtigen Daten enthält, zeigt Tabelle 3. Von den Gleichungen sind im linken Teil

Tabelle 3

x_1	x_2	x_3	x_4	=	
2	3	−1	0	20	$x_1 = (20 - 3 \cdot 7 + 3)/2 = 1$
−6	−5	0	2	−45	
2	−5	6	−6	−3	
4	2	3	−3	33	
3)	4	−3	2	15	$x_2 = (15 + 3 \cdot 3 - 2(-2))/4 = 7$
−1)	−8	7	−6	−23	
−2)	−4	5	−3	−7	
	2)	1	−2	7	$x_3 = 7 + 2(-2) = 3$
	1)	2	−1	8	
		−2)	3	−6	$x_4 = -2$

des Schemas lediglich die Faktoren der Variablen $x_1, \ldots, x_4$ eingetragen, denn nur mit ihnen wird bei der Umformung des Gleichungssystems gerechnet. Das Rechenschema läßt sich noch weiter abkürzen und übersichtlicher gestalten. Bevor wir uns der Beschreibung davon zuwenden, benötigen wir eine Vorbereitung.

3. Das skalare Produkt, Flußbilder

Die Bezeichnung im allgemeinen Gleichungssystem (1.1) von zwei Gleichungen mit zwei Variablen ist so eingerichtet, daß sie sich ohne weiteres auf Gleichungssysteme von beliebig vielen Gleichungen mit beliebig vielen Variablen erweitern läßt. So lautet z. B. das allgemeine Gleichungssystem von vier Gleichungen mit vier Variablen

$$\begin{aligned} a_{11}x_1 + a_{12}x_2 + a_{13}x_3 + a_{14}x_4 &= a_1, \\ a_{21}x_1 + a_{22}x_2 + a_{23}x_3 + a_{24}x_4 &= a_2, \\ a_{31}x_1 + a_{32}x_2 + a_{33}x_3 + a_{34}x_4 &= a_3, \\ a_{41}x_1 + a_{42}x_2 + a_{43}x_3 + a_{44}x_4 &= a_4. \end{aligned} \tag{3.1}$$

Die Faktoren der Variablen $x_1, \ldots, x_4$ werden oftmals folgendermaßen in ein Schema gefaßt, dem auch eine abgekürzte Bezeichnung gegeben wird:

$$\boldsymbol{A} = \begin{pmatrix} a_{11} & a_{12} & a_{13} & a_{14} \\ a_{21} & a_{22} & a_{23} & a_{24} \\ a_{31} & a_{32} & a_{33} & a_{34} \\ a_{41} & a_{42} & a_{43} & a_{44} \end{pmatrix}.$$

Ein solches Schema $\boldsymbol{A}$ heißt eine *Matrix*, und die Zahlen $a_{11}, a_{12}, \ldots, a_{44}$ heißen die *Elemente* der Matrix. Allgemein ist eine Matrix ein rechteckiges Schema, in welchem Zahlen oder Variablen in einer Anzahl von *Zeilen* und *Spalten* angeordnet sind. Hier haben wir den speziellen Fall einer Matrix von vier Zeilen und vier Spalten. Die Indizes der Elemente von $\boldsymbol{A}$ sind so gewählt, daß der erste Index die Nummer der Zeile, der zweite die Nummer der Spalte angibt, in der das entsprechende Element in $\boldsymbol{A}$ steht.

Für $i = 1, 2, 3, 4$ und $k = 1, 2, 3, 4$ kann man durch a_{ik} das Element der i-ten Zeile und k-ten Spalte von $\boldsymbol{A}$ bezeichnen. Man schreibt darum auch kurz

$$\boldsymbol{A} = (a_{ik})_{i=1(1)4,\,k=1(1)4}\ ^{1)}.$$

Der früher eingeführte Vektor

$$\begin{pmatrix} x_1 \\ x_2 \\ x_3 \\ x_4 \end{pmatrix}$$

kann als eine Matrix von vier Zeilen und einer Spalte aufgefaßt werden (der Spaltenindex der Elemente kann in diesem Fall wegfallen, da es nur eine Spalte gibt). Diese einspaltigen Matrizen wollen wir, um sie gleich als solche zu kennzeichnen, mit kleinen Buchstaben bezeichnen:

$$\boldsymbol{x} = \begin{pmatrix} x_1 \\ x_2 \\ x_3 \\ x_4 \end{pmatrix}.$$

Jede Spalte der Matrix $\boldsymbol{A}$ kann, für sich genommen, als Vektor aufgefaßt werden; aber auch jede Zeile, also z. B.

$$(a_{11}, a_{12}, a_{13}, a_{14}),$$

soll ein Vektor genannt werden, und wir wollen zur Unterscheidung dieser beiden Formen von *Spalten-* bzw. *Zeilenvektoren* sprechen. Kleine Buchstaben sind grundsätzlich der Bezeichnung von Spaltenvektoren vorbehalten. Der Zeilenvektor

$$(x_1, x_2, x_3, x_4)$$

soll mit $\boldsymbol{x}^{\mathrm{T}}$ [2]) bezeichnet werden; man nennt $\boldsymbol{x}^{\mathrm{T}}$ die zu $\boldsymbol{x}$ *transponierte* Matrix. Zu einer beliebigen Matrix $\boldsymbol{A}$ wird die transponierte

[1]) $i = 1(1)4$ bedeutet: i bekommt die Werte von 1 (in der Schrittweite 1) bis 4, d. h. $i = 1, 2, 3, 4$.

[2]) Lies: „x transponiert".

Matrix A^T dadurch gebildet, daß der Reihe nach die Zeilen von A zu Spalten von A^T gemacht werden, und zwar die erste, zweite, ... Zeile jeweils zur ersten, zweiten, ... Spalte, so daß außerdem die erste, zweite, ... Spalte von A jeweils zur ersten, zweiten, ... Zeile von A^T wird.

Indem man sich die linken Seiten des Gleichungssystems (3.1) ansieht, erkennt man, daß diese Terme in gleicher Art gebildet sind. Jeder dieser Terme ist nämlich eine Summe von Produkten, und zwar erhält man z. B.

$$a_{11}x_1 + a_{12}x_2 + a_{13}x_3 + a_{14}x_4$$

aus den beiden Vektoren

$$(a_{11}, a_{12}, a_{13}, a_{14})$$

und

$$\begin{pmatrix} x_1 \\ x_2 \\ x_3 \\ x_4 \end{pmatrix},$$

indem man die Produkte der ersten, zweiten, dritten, vierten Komponenten bildet und sodann von diesen Produkten die Summe. Diese für die folgenden Überlegungen äußerst wichtige Bildung einer Produktsumme aus den Komponenten zweier Vektoren ist nicht daran gebunden, daß es sich um Vektoren mit vier Komponenten handelt, sondern kann für zwei Vektoren mit beliebig vielen Komponenten in gleicher Art vorgenommen werden.

(3.2) Definition. Das *skalare Produkt* von zwei Vektoren[1])

$$(u_1, u_2, \ldots, u_n)$$

und

$$(v_1, v_2, \ldots, v_n),$$

die dieselbe Anzahl von Komponenten haben, ist

$$u_1 \cdot v_1 + u_2 \cdot v_2 + \cdots + u_n \cdot v_n.$$

---

[1]) Es braucht sich nicht unbedingt um Zeilenvektoren zu handeln, sondern man kann in gleicher Weise auch das skalare Produkt zweier Spaltenvektoren bzw. eines Zeilen- und eines Spaltenvektors bilden.

Somit stehen auf der linken Seite der Gleichungen (3.1) die skalaren Produkte der Zeilen von $\boldsymbol{A}$ mit der Spalte $\boldsymbol{x}$.

Für die Rechenverfahren, die wir kennenlernen wollen, sollen stets sogenannte ***Flußbilder*** angegeben werden, die in übersichtlicher Form die Reihenfolge der Rechenschritte und Entscheidungen wiedergeben. Jedes Flußbild besteht aus einigen Kästchen, in denen Eintragungen stehen, und verbindenden Pfeilen. Folgende Formen von Kästchen werden verwendet:

Operationskästchen: eingetragen werden Rechenvorschriften,

Verzweigungskästchen: eingetragen werden Fragen, die nur die Antwort ja bzw. nein zulassen,

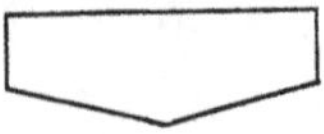

Ergebniskästchen: eingetragen werden Aussagen, die als Ergebnis des Rechenverfahrens gewonnen werden,

Startkästchen: Beginn des Flußbildes,

Stoppkästchen: Ende des Flußbildes.

Von Operations-, Ergebnis- bzw. Startkästchen gehen ein Pfeil, von Verzweigungskästchen zwei Pfeile, die durch ja bzw. nein gekennzeichnet sind, aus, vom Stoppkästchen geht kein Pfeil aus. Beginnt man beim Startkästchen und geht von jedem erreichten Kästchen zu dem durch einen von ihm ausgehenden Pfeil gekennzeichneten nächsten Kästchen über — bei den Verzweigungskästchen ergibt sich der Pfeil entsprechend der Antwort auf die Frage — so bedeutet die Ausführung der in die Kästchen eingetragenen Vorschriften in der damit festgelegten Reihenfolge die Anwendung des Rechenverfahrens, zu dem das Flußbild gehört. Das Rechenverfahren wird genau dann beendet, wenn auf diesem Wege das Stoppkästchen erreicht wurde.

In manchem Zusammenhang ist es vorteilhaft, noch ein besonderes Zeichen, das *Ergibtzeichen* $:=$, zu benutzen. Dieses Zeichen tritt etwa in Zeichenverbindungen folgender Art, sogenannten *Anweisungen*, auf: $a := -3$, $x := 2 \cdot a + b$, $j := j + 1$, und hat die Bedeutung, daß die linke Seite den Wert der rechten Seite erhält. (Man liest z. B. „$j := j + 1$" so: „j ergibt sich aus $j + 1$"; nach (einmaliger) Ausführung dieser Anweisung hat sich der Wert von j um 1 erhöht.)

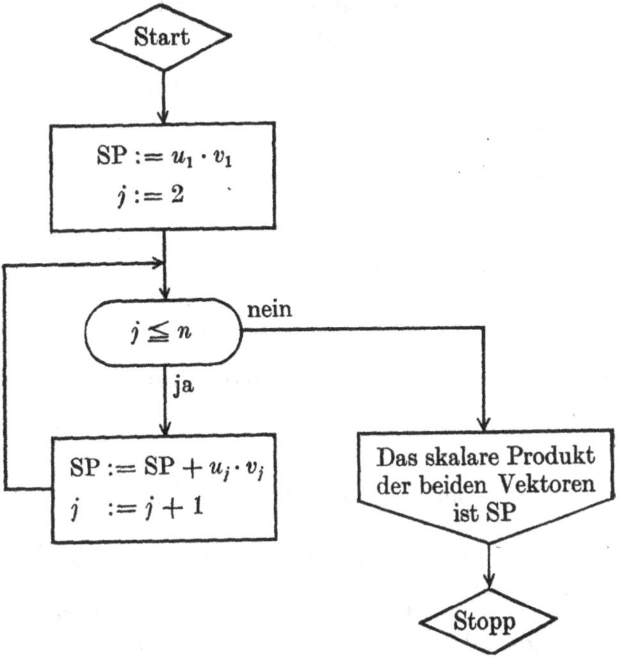

Abb. 1. Flußbild zur Berechnung des skalaren Produktes zweier Vektoren. Gegeben sind die Vektoren $(u_1, u_2, \ldots, u_n)$ und $(v_1, v_2, \ldots, v_n)$.

Das Flußbild in Abb. 1 gibt wieder, wie man bei der Berechnung von skalaren Produkten (im Kopf oder mit Tischrechenmaschinen) vorgehen wird: Man bildet das Produkt der beiden ersten Komponenten und merkt sich das erhaltene Zwischenergebnis[1]), addiert dazu das Produkt der nächsten Komponenten und merkt sich wieder das erhaltene Zwischenergebnis usw., bis das Produkt der letzten Komponenten addiert worden ist.

An späteren Stellen wird zur exakten Redeweise eine abgewandelte Form des skalaren Produktes zwischen zwei Vektoren benötigt; es handelt sich um das skalare Produkt der Teilvektoren aus den ersten (bis zur k-ten) bzw. auch den letzten (von der i-ten an) Komponenten dieser Vektoren:

$$u_1 \cdot v_1 + u_2 \cdot v_2 + \cdots + u_k \cdot v_k$$

sei als skalares Produkt$_{1,k}$,

$$u_i \cdot v_i + u_{i+1} \cdot v_{i+1} + \cdots + u_n \cdot v_n$$

als skalares Produkt$_{i,n}$ der Vektoren

$$(u_1, u_2, \ldots, u_i, u_{i+1}, \ldots, u_k, \ldots, u_n)$$

und

$$(v_1, v_2, \ldots, v_i, v_{i+1}, \ldots, v_k, \ldots, v_n)$$

bezeichnet. (Das übliche skalare Produkt ist skalares Produkt$_{1,n}$.)

4. Der verkettete Algorithmus

Das Schema der Tabelle 3 zur Lösung des Gleichungssystems (2.1) enthält im linken Teil Bestandteile, die zur „Aufrechnung der Variablen" im rechten Teil nicht benutzt werden. Hierzu werden nämlich lediglich die ersten Zeilen der einzelnen Felder benötigt, die den Gleichungen des gestaffelten Gleichungssystems (2.1) entsprechen. Es wäre daher angenehm, ein Verfahren zu haben, das zu (2.1) sofort (2.4) herstellt und damit die Zwischenschritte (2.2) und (2.3) übergeht. Das leistet der verkettete Algorithmus von GAUSS-BANACHIEWICZ.

---

[1]) Die Zwischenergebnisse braucht man beim Rechnen mit Tischrechenmaschinen nicht aufzuschreiben, man kann die Summe im Resultatregister bzw. in einem Speicherregister „auflaufen lassen".

Tabelle 4

x_1	x_2	x_3	x_4	=
2	3	−1	0	20
−6	−5	0	2	−45
2	−5	6	−6	−3
4	2	3	−3	33
3)	4	−3	2	15
−1)				
−2)				

Tabelle 5

x_1	x_2	x_3	x_4	=
2	3	−1	0	20
−6	−5	0	2	−45
2	−5	6	−6	−3
4	2	3	−3	33
3)	4	−3	2	15
−1)				
−2)				
	2)	1	−2	7
	1)			

In Tabelle 4 steht der zunächst unveränderte Anfang des Rechenschemas. Die (durch Klammern abgetrennten) Faktoren im dritten Feld können im nächsten Schritt gebildet werden, ohne daß man das zweite Feld weiter ausfüllt, wie Abb. 2 andeutet. Ebenso kann nun die erste Zeile des dritten Feldes vervollständigt werden, wie in Abb. 3 angedeutet wird. Bis hierher hat das Rechenschema die

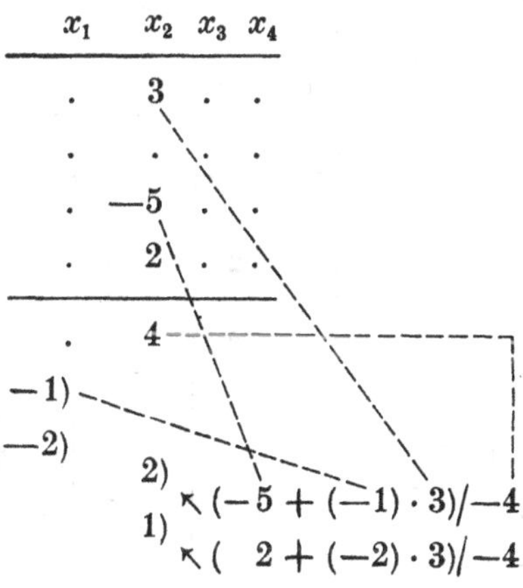

Abb. 2

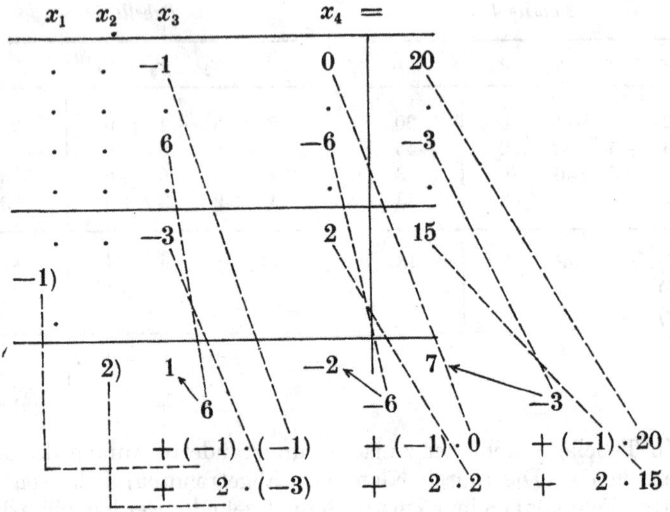

Abb. 3

Gestalt der Tabelle 5 angenommen. Die letzte Zeile des Schemas aus Tabelle 3 kann nun schließlich so gewonnen werden, wie die Abbildungen 4 und 5 skizzieren.

Tabelle 6

x_1	x_2	x_3	x_4 =		
2	3	−1	0	20	
−6	−5	0	2	−45	
2	−5	6	−6	−3	
4	2	3	−3	33	
2	3	−1	0	20	1
3	4	−3	2	15	7
−1	2	1	−2	7	3
−2	1	−2	3	−6	−2
					−1

Damit ist prinzipiell gezeigt, wie die Gleichungen des gestaffelten Gleichungssystems (2.4) gebildet werden können, ohne die Zwischenschritte (2.2) und (2.3) zu notieren. Es muß betont werden, daß tatsächlich nur das Niederschreiben von Zwischenergebnissen reduziert wurde; die durchzuführenden Rechenoperationen sind genau dieselben wie beim ursprünglichen Ver-

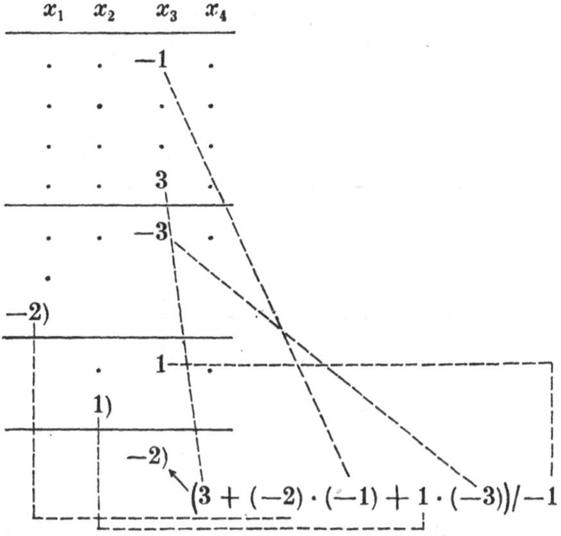

Abb. 4

fahren geblieben. Die „Aufrechnung der Variablen" kann anschließend an den Gleichungen des gestaffelten Systems (wie in Tabelle 3) geschehen.

Nun läßt sich aber die Übersichtlichkeit und die Schematisierung der durchzuführenden Rechnungen erheblich steigern, wenn alle während der Rechnung aufzuschreibenden Zahlen wie in Tabelle 6 angeordnet werden. Der untere Teil dieses Schemas ist durch „Ineinanderschieben" des zweiten, dritten und vierten Feldes entstanden, wobei die erste Zeile mit der ersten Zeile des oberen Teiles übereinstimmt, so daß die Zeilen des gestaffelten

Gleichungssystems beieinander stehen. In der letzten Spalte stehen die Werte der Variablen x_1, x_2, x_3, x_4 der Lösung des Gleichungssystems, wobei die zugehörigen Nebenrechnungen nicht aufgeschrieben werden. Die -1 rechts unten hat ihre Bedeutung für die Schematisierung bei der „Aufrechnung der Variablen“.

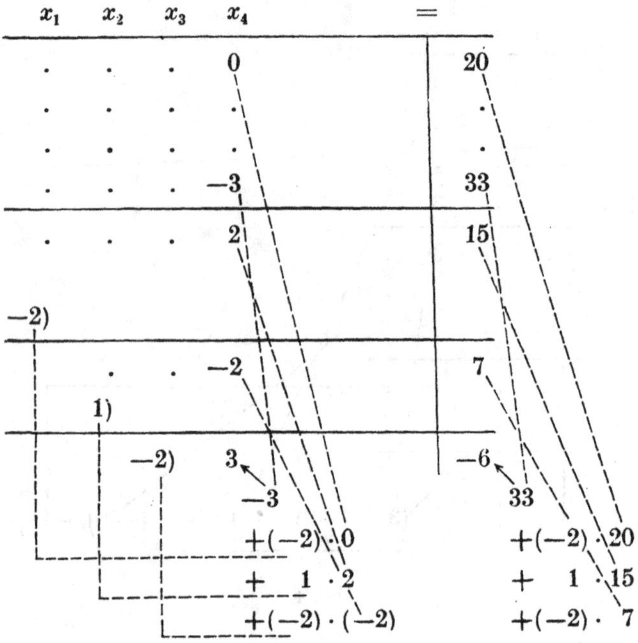

Abb. 5

Um den Rechengang allgemein beschreiben zu können, seien die auf den Feldern des Schemas stehenden Zahlen wie in Tabelle 7 bezeichnet. Damit werden die Zahlen im unteren Teil nach folgenden Vorschriften in der angegebenen Reihenfolge berechnet:

Die erste b-Zeile: $b_{11} := a_{11}$, $b_{12} := a_{12}$, $b_{13} := a_{13}$, $b_{14} := a_{14}$, $b_1 := a_1$.

Die erste c-Spalte: $c_{21} := a_{21}/-b_{11}$, $c_{31} := a_{31}/-b_{11}$,
$c_{41} := a_{41}/-b_{11}$.

Die zweite b-Zeile: $b_{22} := a_{22} + c_{21} \cdot b_{12}$, $b_{23} := a_{23} + c_{21} \cdot b_{13}$,
$b_{24} := a_{24} + c_{21} \cdot b_{14}$, $b_2 := a_2 + c_{21} \cdot b_1$.

Die zweite c-Spalte: $c_{32} := (a_{32} + c_{31} \cdot b_{12})/-b_{22}$,
$c_{42} := (a_{42} + c_{41} \cdot b_{12})/-b_{22}$ (vgl. Abb. 2).

Die dritte b-Zeile: $b_{33} := a_{33} + c_{31} \cdot b_{13} + c_{32} \cdot b_{23}$,
$b_{34} := a_{34} + c_{31} \cdot b_{14} + c_{32} \cdot b_{24}$,
$b_3 := a_3 + c_{31} \cdot b_1 + c_{32} \cdot b_2$ (vgl. Abb. 3).

Die dritte c-Spalte: $c_{43} := (a_{43} + c_{41} \cdot b_{13} + c_{42} \cdot b_{23})/-b_{33}$
(vgl. Abb. 4).

Die vierte b-Zeile: $b_{44} := a_{44} + c_{41} \cdot b_{14} + c_{42} \cdot b_{24} + c_{43} \cdot b_{34}$,
$b_4 := a_4 + c_{41} \cdot b_1 + c_{42} \cdot b_2 + c_{43} \cdot b_3$
(vgl. Abb. 5).

Die ξ-Spalte: $\xi_4 := -b_4/-b_{44}$ $(= b_4/b_{44})$,
$\xi_3 := (b_{34} \cdot \xi_4 - b_3)/-b_{33}$,
$\xi_2 := (b_{23} \cdot \xi_3 + b_{24} \cdot \xi_4 - b_2)/-b_{22}$,
$\xi_1 := (b_{12} \cdot \xi_2 + b_{13} \cdot \xi_3 + b_{14} \cdot \xi_4 - b_1)/-b_{11}$.

Tabelle 7

x_1	x_2	x_3	x_4	$=$	
a_{11}	a_{12}	a_{13}	a_{14}	a_1	
a_{21}	a_{22}	a_{23}	a_{24}	a_2	
a_{31}	a_{32}	a_{33}	a_{34}	a_3	
a_{41}	a_{42}	a_{43}	a_{44}	a_4	
b_{11}	b_{12}	b_{13}	b_{14}	b_1	ξ_1
c_{21}	b_{22}	b_{23}	b_{24}	b_2	ξ_2
c_{31}	c_{32}	b_{33}	b_{34}	b_3	ξ_3
c_{41}	c_{42}	c_{43}	b_{44}	b_4	ξ_4
					-1

Von der zweiten b-Zeile an ordnen sich diese Rechenvorschriften der folgenden allgemeinen Beschreibung unter.

Bilden der j-ten b-Zeile:

$b_{jk} := a_{jk}$ + skalares Produkt$_{1,j-1}$ der j-ten c-Zeile und k-ten b-Spalte (für $k = j(1)4$),

$b_j := a_j$ + skalares Produkt$_{1,j-1}$ der j-ten c-Zeile und fünften b-Spalte.

Bilden der j-ten c-Spalte:

$c_{ij} := (a_{ij}$ + skalares Produkt$_{1,j-1}$ der i-ten c-Zeile und j-ten b-Spalte$)/-b_{jj}$
(für $i = j + 1(1)4$).

Bilden der ξ-Spalte (die -1 rechts unten in Tabelle 7 wird als fünfte Komponente der ξ-Spalte aufgefaßt):

$\xi_i :=$ (skalares Produkt$_{i+1,5}$ der i-ten b-Zeile und ξ-Spalte$)/-b_{ii}$
(für $i = 4(-1)1$).

Damit die c- und ξ-Elemente berechnet werden können, muß sich während der Rechnung $b_{ii} \neq 0$ $(i = 1(1)4)$ ergeben. Nach den bis hierher angegebenen Rechenvorschriften können wir daher nur solche Gleichungssysteme lösen, die diese Voraussetzung erfüllen. Die Berechnung der angegebenen skalaren Produkte erfordert übrigens durch die Beschränkung auf die ersten bzw. letzten Komponenten der Vektoren während der Rechnung keine erhöhte Aufmerksamkeit; zur Bildung eines neuen b-, c- bzw. ξ-Elementes gehen aus dem unteren Teil der Tabelle stets gerade die bis zu dem Zeitpunkt berechneten Elemente der Zeile oder der Spalte dieses Elementes in die Rechnung ein, d. h., die Bildung des skalaren Produktes „bricht von selbst ab".

5. Zusammenfassung

Durch den Gaußschen Algorithmus wird das Gleichungssystem

$$
\begin{aligned}
a_{11}x_1 + a_{12}x_2 + a_{13}x_3 + a_{14}x_4 &= a_1\,,\\
a_{21}x_1 + a_{22}x_2 + a_{23}x_3 + a_{24}x_4 &= a_2\,,\\
a_{31}x_1 + a_{32}x_2 + a_{33}x_3 + a_{34}x_4 &= a_3\,,\\
a_{41}x_1 + a_{42}x_2 + a_{43}x_3 + a_{44}x_4 &= a_4
\end{aligned} \tag{5.1}
$$

— wenn dies möglich ist — in ein gestaffeltes Gleichungssystem

$$
\begin{aligned}
b_{11}x_1 + b_{12}x_2 + b_{13}x_3 + b_{14}x_4 &= b_1\,,\\
b_{22}x_2 + b_{23}x_3 + b_{24}x_4 &= b_2\,,\\
b_{33}x_3 + b_{34}x_4 &= b_3\,,\\
b_{44}x_4 &= b_4
\end{aligned} \tag{5.2}
$$

umgeformt, das dieselbe Lösung besitzt. Die einzelnen Schritte dieser Umformung sind am Beispiel (2.1) auf den Seiten 12 und 13 erläutert. Die dabei durchzuführenden Rechnungen lassen sich durch den verketteten Algorithmus systematisieren, wie auf den Seiten 24 und 25 beschrieben, und die wichtigen Zwischenergebnisse übersichtlich im Schema der Tabelle 7 anordnen. (Am Beispiel (2.1) ist dies auf den Seiten 21—24 erläutert.) Daher gilt folgendes:

(5.3) Satz. *Ergibt sich bei der Anwendung des verketteten Algorithmus auf das Gleichungssystem* (5.1) *für* $i = 1(1)4$ $b_{ii} \neq 0$, *so besitzt* (5.1) *genau eine Lösung, und zwar die Lösung*

$$
\begin{pmatrix} x_1 \\ x_2 \\ x_3 \\ x_4 \end{pmatrix} = \begin{pmatrix} \xi_1 \\ \xi_2 \\ \xi_3 \\ \xi_4 \end{pmatrix}
$$

von (5.2).

6. Äquivalente Gleichungssysteme

Durch ein Gleichungssystem (z. B. (5.1)) sind die Zahlen a_{ik} und a_i gegeben. Die Komponenten x_i von $\mathfrak{x}$ bezeichnen wir als Variablen und geben dem Gleichungssystem folgende Interpretation: Erst wenn man den Variablen x_i Zahlen als Werte erteilt, stellt jede einzelne Gleichung des Systems eine wahre bzw. falsche Aussage dar. Im ersten Fall sagt man auch, daß die entsprechende Gleichung *erfüllt* sei. Erfüllen gewisse Werte der Komponenten von $\mathfrak{x}$ alle Gleichungen des Systems, so nennt man diese Werte eine *Lösung* des Systems.

Die Aufgabe, sämtliche Lösungen eines Gleichungssystems zu bestimmen, wird beim Gaußschen Algorithmus dadurch erledigt, daß das System schrittweise durch Systeme einfacherer Gestalt ersetzt wird, die jeweils — und das ist entscheidend — dieselben Lösungen wie das Ausgangssystem haben. Gleichungssysteme mit denselben Lösungen heißen *äquivalent*. Wir wollen die Regeln zusammenstellen, die garantieren, daß beim Gaußschen Algorithmus Gleichungssysteme stets in äquivalente umgeformt werden. Grundlegend für die Überlegungen sind die folgenden bekannten Aussagen, die für beliebige Zahlen a, b, c und d gelten:

(6.1) Aus $a = b$ folgt $c \cdot a = c \cdot b$,

(6.2) aus $a = b$ und $c = d$ folgt $a + c = b + d$.

Mit A_i und A_k bezeichnen wir abkürzend die linken Seiten zweier Gleichungen eines Gleichungssystems (von beliebig vielen Gleichungen mit beliebig vielen Variablen):

$$\begin{gathered} \cdots\cdots \\ A_i = a_i\,, \\ \cdots\cdots \\ A_k = a_k\,, \\ \cdots\cdots \end{gathered}$$

(6.3) Satz. *Zwei Gleichungssysteme, die sich nur in folgendem unterscheiden, sind äquivalent:*

a) *Statt der Gleichung*

$$A_i = a_i$$

steht die Gleichung

$$c \cdot A_i = c \cdot a_i,$$

wobei c eine von 0 verschiedene Zahl ist, oder

b) *statt der Gleichung*

$$A_k = a_k$$

steht die Gleichung

$$A_k + d \cdot A_i = a_k + d \cdot a_i,$$

wobei d eine beliebige Zahl sein kann.

(Multiplikation einer Gleichung mit einer Zahl $\neq 0$ bzw. Addition von beliebigen Vielfachen einer Gleichung zu einer anderen führt also zu äquivalenten Systemen.)

Beweis. a) Für eine Lösung des ersten Systems ist die Gleichung $A_i = a_i$ erfüllt und damit nach (6.1) auch die Gleichung $c \cdot A_i = c \cdot a_i$ (und natürlich alle übrigen Gleichungen) des anderen Systems. — Für eine Lösung des zweiten Systems ist die Gleichung $c \cdot A_i = c \cdot a_i$ erfüllt und damit (wegen $c \neq 0$) nach (6.1) auch $c^{-1}(c \cdot A_i) = c^{-1}(c \cdot a_i)$, d. h. die Gleichung $A_i = a_i$ des ersten Systems. Keines der beiden Systeme hat demnach Lösungen, die das andere nicht besitzt, die Systeme sind äquivalent.

b) Für eine Lösung des ersten Systems sind die Gleichungen $A_i = a_i$ und $A_k = a_k$ erfüllt; somit sind nach (6.1) auch $d \cdot A_i = d \cdot a_i$ und dann weiter nach (6.2) die Gleichung $A_k + d \cdot A_i = a_k + d \cdot a_i$ des anderen Systems erfüllt. — Für eine Lösung des zweiten Systems sind die Gleichungen $A_i = a_i$ und $A_k + d \cdot A_i = a_k + d \cdot a_i$ erfüllt; somit ist nach (6.1) auch $-d \cdot A_i = -d \cdot a_i$ und dann weiter nach (6.2)

$$(A_k + d \cdot A_i) - d \cdot A_i = (a_k + d \cdot a_i) - d \cdot a_i,$$

d. h. die Gleichung $A_k = a_k$ des ersten Systems, erfüllt. Keines der beiden Systeme hat demnach Lösungen, die das andere nicht hat, die Systeme sind äquivalent.

Beim Gaußschen Algorithmus werden lediglich die im Satz (6.3) genannten Umformungen wiederholt angewandt (endlich oft), so daß alle dabei auftretenden Systeme äquivalent sind.

7. Gleichungssysteme von n Gleichungen mit n Variablen

Den Satz (5.3) können wir nicht als besonders wichtiges Resultat unserer Überlegungen betrachten, da er nur eine Aussage über Gleichungssysteme mit einer festen Anzahl von Gleichungen und Variablen macht, die außerdem noch eine wichtige Voraussetzung erfüllen müssen. Unser Ziel ist es, ein Verfahren zu gewinnen, nach dem man Gleichungssysteme mit beliebig vielen (m) Gleichungen und beliebig vielen (n) Variablen

(7.1)
$$\begin{aligned} a_{11}x_1 + a_{12}x_2 + \cdots + a_{1n}x_n &= a_1, \\ a_{21}x_1 + a_{22}x_2 + \cdots + a_{2n}x_n &= a_2, \\ \cdots\cdots\cdots\cdots\cdots\cdots\cdots\cdots\cdots \\ a_{m1}x_1 + a_{m2}x_2 + \cdots + a_{mn}x_n &= a_m \end{aligned}$$

lösen kann. Nun ist die bisherige Beschränkung des Gaußschen Algorithmus auf vier Gleichungen mit vier Variablen künstlich. Das Prinzip des Verfahrens, ein gegebenes Gleichungssystem schrittweise in ein äquivalentes gestaffeltes Gleichungssystem umzuformen, indem in jedem Schritt mittels einer Gleichung eine Variable aus allen nachfolgenden Gleichungen eliminiert wird, ist an keine feste Anzahl von Gleichungen bzw. Variablen gebunden. Die Zusammenstellung der Rechenvorschriften im verketteten Algorithmus auf den Seiten 24 und 25 läßt die Gesetzmäßigkeit erkennen, die sich auf das Bilden der einzelnen b-Zeilen und c-Spalten überträgt, wenn der untere Teil des analog zu Tabelle 7 gebildeten Rechenschemas wie der obere m Zeilen und $n + 1$ Spalten hat. Als allgemeine Rechenvorschriften werden daher jetzt angegeben:

Bilden der ersten b-Zeile:

$$b_{1k} := a_{1k} \quad (\text{für } k = 1(1)n), \quad b_1 := a_1.$$

Bilden der ersten c-Spalte:

$$c_{i1} := a_{i1}/-b_{11} \quad (\text{für } i = 2(1)m).$$

Bilden der j-ten b-Zeile (für $j \geqq 2$):

$b_{jk} := a_{jk} +$ skalares Produkt$_{1,j-1}$ der j-ten c-Zeile und k-ten b-Spalte (für $k = j(1)n$),

$b_j := a_j +$ skalares Produkt$_{1,j-1}$ der j-ten c-Zeile und $(n+1)$-ten b-Spalte.

Bilden der j-ten c-Spalte (für $j \geqq 2$):

$c_{ij} := (a_{ij} +$ skalares Produkt$_{1,j-1}$ der i-ten c-Zeile und j-ten b-Spalte$)/-b_{jj}$
(für $i = j + 1(1)m$).

Tabelle 8

x_1	x_2	$\cdots$	x_n	$=$	
a_{11}	a_{12}	$\cdots$	a_{1n}	a_1	
a_{21}	a_{22}	$\cdots$	a_{2n}	a_2	
$\cdots$	$\cdots$	$\cdots$	$\cdots$	$\cdot$	
a_{n1}	a_{n2}	$\cdots$	a_{nn}	a_n	
b_{11}	b_{12}	$\cdots$	b_{1n}	b_1	ξ_1
c_{21}	b_{22}	$\cdots$	b_{2n}	b_2	ξ_2
$\cdots$	$\cdots$	$\cdots$	$\cdots$	$\cdots$	$\cdot$
c_{n1}	c_{n2}	$\cdots$	b_{nn}	b_n	ξ_n
					-1

Als vorläufiges Resultat soll ein Rechenverfahren formuliert werden, nach dem man Gleichungssysteme von n Gleichungen mit n Variablen (die Anzahl der Gleichungen stimme also mit der Anzahl der Variablen überein: $m = n$) behandeln kann. Das Rechenschema hat in diesem Fall die in Tabelle 8 angegebene Gestalt. Genauer gesagt kann das Rechenschema nur diese Gestalt annehmen, wenn sich während der Rechnung für $i = 1(1)n$

$b_{ii} \neq 0$ ergibt, und nur in diesem Fall kann auch die folgende Vorschrift angewendet werden:

Bilden der ξ-Spalte:

$$\xi_{n+1} := -1,$$

$\xi_i :=$ (skalares Produkt$_{i+1,n+1}$ der i-ten b-Zeile und ξ-Spalte)$/-b_{ii}$ (für $i = n(-1)1$).

Das eben angekündigte Rechenverfahren wird durch Abb. 6 beschrieben; formt man das gegebene Gleichungssystem nach diesem Flußbild um und tritt dabei für $i = 1(1)n$ $b_{ii} \neq 0$ ein, so erhält man in

$$\begin{aligned} b_{11}x_1 + b_{12}x_2 + \cdots + b_{1n}x_n &= b_1, \\ b_{22}x_2 + \cdots + b_{2n}x_n &= b_2, \\ \cdots\cdots\cdots\cdots\cdots\cdots & \\ b_{nn}x_n &= b_n \end{aligned}$$

ein zu dem gegebenen Gleichungssystem äquivalentes gestaffeltes Gleichungssystem. Daher gilt (in Erweiterung von Satz (5.3)):

(7.2) Satz. *Ergibt sich bei Anwendung des verketteten Algorithmus auf ein Gleichungssystem von n Gleichungen mit n Variablen für $i = 1(1)n$ $b_{ii} \neq 0$, so besitzt das Gleichungssystem genau eine Lösung, und zwar*

$$\begin{pmatrix} x_1 \\ x_2 \\ \vdots \\ x_n \end{pmatrix} = \begin{pmatrix} \xi_1 \\ \xi_2 \\ \vdots \\ \xi_n \end{pmatrix}.$$

Als Aufgabe bleibt bestehen, die Fälle, bei denen sich für irgendein i der Fall $b_{ii} = 0$ ergibt oder die Anzahl der Gleichungen nicht mit der Anzahl der Variablen übereinstimmt, genauer zu untersuchen. Zur eleganten Formulierung der Überlegungen dazu benötigt man als Hilfsmittel einige Teile der Matrizenrechnung.

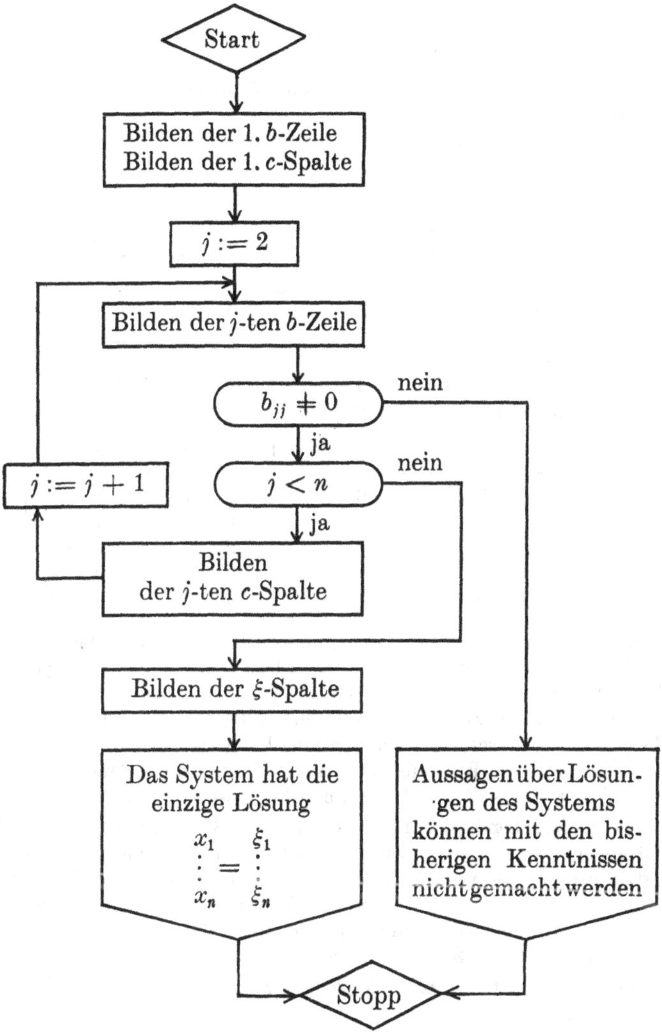

Abb. 6. Vorläufiges Flußbild zum verketteten Algorithmus

Gegeben ist ein Gleichungssystem (7.1) mit $m = n$.
(Vorausgesetzt werden kann $a_{11} \neq 0$.)

Aufgaben

1. Mit dem verketteten Algorithmus sind folgende linearen Gleichungssysteme zu lösen:

a)

x_1	x_2	x_3	=
2	3	−5	16
5	7	−11	44
3	−2	4	36

b)

x_1	x_2	x_3	=
−2	3	−2	−2
4	−9	−4	−1
6	−9	2	4

c)

x_1	x_2	x_3	x_4	=
−1	2	−3	1	7
3	−5	7	−2	−17
4	−2	−1	4	4
2	5	−10	5	16

d)

x_1	x_2	x_3	x_4	=
−1	2	−2	3	0
1	0	2	−5	0
0	1	−1	2	0
2	-1	2	-4	1

e)

x_1	x_2	x_3	x_4	x_5	=
2	−1	−1	3	2	6
6	−2	3	0	−1	−3
−4	2	3	−3	−2	−5
2	0	4	−7	−3	−8
0	1	8	−5	−1	−3

f)

x_1	x_2	x_3	x_4	x_5	=
−1	1	1	1	1	2
0	2	0	1	2	2
2	0	2	1	−1	4
1	−1	−1	0	1	−2
3	2	2	−2	0	−8

Nach Erledigung der Aufgabe f) kann man auch sofort die Frage beantworten, welche Lösung die Systeme besitzen, die aus dem System f) dadurch hervorgehen, daß die Koeffizienten von x_2 und x_3 vertauscht (Vertauschung der zweiten und dritten Spalte) bzw. die dritte und vierte Gleichung vertauscht werden (Vertauschung der dritten und vierten Zeile). Zu welchem Ergebnis führt die Rechnung nach dem vorläufigen Flußbild zum verketteten Algorithmus bei diesen Systemen?

2. Ein Schnellzug benötigt auf einer bestimmten Strecke $2\frac{1}{2}$ h weniger Fahrzeit als ein Personenzug, da er stündlich 25 km mehr als dieser zurücklegt. Ein Güterzug, dessen Geschwindigkeit um 15 km/h geringer ist als die des Personenzuges, benötigt für die Strecke $3\frac{1}{2}$ h mehr als der Personenzug. Mit welcher Geschwindigkeit fahren die drei Züge? Man gebe auch Fahrzeit der Züge sowie Länge der Strecke an.

3. Drei Gase G_1, G_2, G_3 haben folgenden Heizwert bzw. Schwefelgehalt:

	Heizwert	Schwefelgehalt
G_1	1000 kcal m^{-3}	6 g m^{-3}
G_2	2000 kcal m^{-3}	2 g m^{-3}
G_3	1500 kcal m^{-3}	3 g m^{-3}.

Wie muß man die Gase mischen, um ein Gas mit dem Heizwert 1475 kcal m^{-3} und dem Schwefelgehalt 3,55 g m^{-3} zu erhalten? Welches ist der größtmögliche Heizwert, den man bei einem Schwefelgehalt von 3,55 g m^{-3} durch Mischung erhalten kann?

4. Die Berechnungsvorschriften „skalares Produkt$_{1,k}$" bzw. „skalares Produkt$_{i,n}$" der Vektoren

$$(u_1, \ldots, u_i, \ldots, u_k, \ldots, u_n),$$
$$(v_1, \ldots, v_i, \ldots, v_k, \ldots, v_n)$$

können beide als Spezialfall einer allgemeineren Berechnungsvorschrift aufgefaßt werden:

$$u_i \cdot v_i + u_{i+1} \cdot v_{i+1} + \cdots + u_k \cdot v_k$$

sei als „skalares Produkt$_{i,k}$" bezeichnet. Es ist ein Flußbild zu folgender Aufgabenstellung zu entwerfen:

Gegeben sind die Vektoren

$$(u_1, u_2, \ldots, u_n) \quad \text{und} \quad (v_1, v_2, \ldots, v_n)$$

sowie zwei natürliche Zahlen i und k mit $1 \leqq i \leqq k \leqq n$. Gesucht ist das skalare Produkt$_{i,k}$ der beiden Vektoren.

5. Man entwerfe Flußbilder zu folgenden Aufgabenstellungen:

Gegeben sind n Zahlen $a_1, a_2, \ldots, a_n$.

Gesucht sind a) die Summe der n Zahlen, b) das Maximum der n Zahlen.

6. Ein Gleichungssystem werde wie folgt umgeformt (Bezeichnungen wie in I. 6.; p, q, r, s Zahlen):

Statt der Gleichungen

$$A_i = a_i \quad \text{und} \quad A_k = a_k$$

stehen die Gleichungen

$$p \cdot A_i + q \cdot A_k = p \cdot a_i + q \cdot a_k$$

und

$$r \cdot A_i + s \cdot A_k = r \cdot a_i + s \cdot a_k.$$

Jede der folgenden Bedingungen ist daraufhin zu untersuchen, ob sie garantiert, daß Gleichungssysteme, die durch eine soeben beschriebene Umformung auseinander hervorgehen, äquivalent sind:

a) Die Zahlen p, q, r, s sind beliebig.
b) Die Zahlen p, q, r, s sind von Null verschieden, aber sonst beliebig.
c) Es sind p und s gleich 1, q und r beliebig.
d) Es gilt $p \cdot s \neq q \cdot r$.

7. Wendet man auf ein Gleichungssystem in einer Anzahl von Umformungsschritten die in Satz (6.3) beschriebenen Umformungsoperationen an, so entsteht ein System, das zu dem ursprünglichen äquivalent ist (wie ja in diesem Satz formuliert). In einem speziellen Fall diskutiere man die Frage nach der Gültigkeit der Umkehrung dieser Aussage, nämlich:
Die Systeme

$$a_{11}x_1 + a_{12}x_2 = a_1,$$
$$a_{21}x_1 + a_{22}x_2 = a_2$$

und

$$b_{11}x_1 + b_{12}x_2 = b_1,$$
$$b_{21}x_1 + b_{22}x_2 = b_2$$

mit $a_{11} \neq 0$ und $b_{11} \neq 0$ seien äquivalent; läßt sich das erste durch eine Anzahl der in Satz (6.3) genannten Umformungsoperationen in das zweite überführen?

II. Matrizen

1. Multiplikation und Addition von Matrizen

Das Gleichungssystem (I. 7.1)[1]) kann als Vektorgleichung geschrieben werden:

(1.1)
$$\begin{pmatrix} a_{11}x_1 + a_{12}x_2 + \cdots + a_{1n}x_n \\ a_{21}x_1 + a_{22}x_2 + \cdots + a_{2n}x_n \\ \cdots\cdots\cdots\cdots\cdots\cdots \\ a_{m1}x_1 + a_{m2}x_2 + \cdots + a_{mn}x_n \end{pmatrix} = \begin{pmatrix} a_1 \\ a_2 \\ \vdots \\ a_m \end{pmatrix}.$$

Führt man die Bezeichnungen

$$\boldsymbol{A} = \begin{pmatrix} a_{11} & a_{12} & \dots & a_{1n} \\ a_{21} & a_{22} & \dots & a_{2n} \\ \dots & \dots & \dots & \dots \\ a_{m1} & a_{m2} & \dots & a_{mn} \end{pmatrix}, \quad \boldsymbol{x} = \begin{pmatrix} x_1 \\ x_2 \\ \vdots \\ x_n \end{pmatrix}, \quad \boldsymbol{a} = \begin{pmatrix} a_1 \\ a_2 \\ \vdots \\ a_m \end{pmatrix}$$

ein — die Matrix $\boldsymbol{A}$ heißt Koeffizientenmatrix des Gleichungssystems (I. 7.1) —, so gelten für die Komponenten des linken Vektors in (1.1) die Gleichungen:

(1.2) erste Komponente = skalares Produkt der ersten Zeile von $\boldsymbol{A}$ mit $\boldsymbol{x}$,

zweite Komponente = skalares Produkt der zweiten Zeile von $\boldsymbol{A}$ mit $\boldsymbol{x}$,

. . . .

m-te Komponente = skalares Produkt der m-ten Zeile von $\boldsymbol{A}$ mit $\boldsymbol{x}$.

---

[1]) Wird bei Verweisen eine römische Zahl mit angegeben, so handelt es sich um eine Nummer in dem entsprechenden Kapitel.

(1.3) Definition. Das *Produkt*[1]) $\boldsymbol{A} \cdot \boldsymbol{x}$ einer Matrix $\boldsymbol{A}$ von m Zeilen und n Spalten mit einem Spaltenvektor $\boldsymbol{x}$ von n Zeilen ist ein Spaltenvektor von m Zeilen, dessen Komponenten nach den Vorschriften (1.2) gebildet werden.

Damit ist das Gleichungssystem (I. 7.1) nichts anderes als die Gleichung

$$\boldsymbol{A} \cdot \boldsymbol{x} = \boldsymbol{a}.$$

Die Möglichkeit, das Produkt von Matrizen bilden zu können, soll nun aber nicht auf den Fall „Matrix mal Spaltenvektor" beschränkt bleiben. Ist vielmehr $\boldsymbol{B}$ eine Matrix von n Zeilen und p Spalten,

$$\boldsymbol{B} = \begin{pmatrix} b_{11} & b_{12} & \dots & b_{1p} \\ b_{21} & b_{22} & \dots & b_{2p} \\ \dots & \dots & \dots & \dots \\ b_{n1} & b_{n2} & \dots & b_{np} \end{pmatrix},$$

so soll auch das Produkt $\boldsymbol{A} \cdot \boldsymbol{B}$ definiert werden. Um einen Anhaltspunkt für eine sinnvolle Definition zu erhalten, betrachten wir folgende Aufgabenstellung: Es sei

$$\boldsymbol{y} = \begin{pmatrix} y_1 \\ y_2 \\ \vdots \\ y_p \end{pmatrix},$$

und gegeben seien die Matrizen $\boldsymbol{A}$, $\boldsymbol{B}$ und $\boldsymbol{a}$; man bestimme alle Lösungen $\boldsymbol{y}$ des Gleichungssystems

$$\boldsymbol{B} \cdot \boldsymbol{y} = \boldsymbol{x}, \tag{1.4}$$

wobei $\boldsymbol{x}$ alle Lösungen des Gleichungssystems

$$\boldsymbol{A} \cdot \boldsymbol{x} = \boldsymbol{a} \tag{1.5}$$

durchläuft.

---

[1]) Das Wort „Produkt" und das Zeichen „·" erhalten hier eine neue Bedeutung, und eigentlich sollte man andere Bezeichnungen für diese Verknüpfung wählen. Zur Rechtfertigung kann man anführen, daß das Produkt von Matrizen in dem Fall, daß beide Faktoren Matrizen mit einer Zeile und einer Spalte sind, mit dem Produkt von reellen Zahlen übereinstimmt.

Da die Lösungen $\boldsymbol{x}$ als Endergebnis nicht gesucht sind, kann man sich die Arbeit vereinfachen und braucht anstatt mehrerer nur ein Gleichungssystem zu lösen, denn gesucht sind die Lösungen von

$$\boldsymbol{A} \cdot (\boldsymbol{B} \cdot \boldsymbol{y}) = \boldsymbol{a}.$$

Die linke Seite dieses Gleichungssystems soll etwas ausführlicher aufgeschrieben werden. Es gilt

$$\boldsymbol{A} \cdot (\boldsymbol{B} \cdot \boldsymbol{y}) = \underbrace{\begin{pmatrix} a_{11} & a_{12} & \dots & a_{1n} \\ a_{21} & a_{22} & \dots & a_{2n} \\ \dots & \dots & \dots & \dots \\ a_{m1} & a_{m2} & \dots & a_{mn} \end{pmatrix}}_{\text{Matrix } \boldsymbol{A}} \cdot \underbrace{\begin{pmatrix} b_{11}y_1 + b_{12}y_2 + \cdots + b_{1p}y_p \\ b_{21}y_1 + b_{22}y_2 + \cdots + b_{2p}y_p \\ \dots\dots\dots\dots\dots\dots \\ b_{n1}y_1 + b_{n2}y_2 + \cdots + b_{np}y_p \end{pmatrix}}_{\text{Spaltenvektor } \boldsymbol{B} \cdot \boldsymbol{y}}.$$

Das Produkt „Matrix mal Spaltenvektor" auf der rechten Seite wird nach Definition (1.3) ausgeführt. Dabei werden die Komponenten des entstehenden Vektors gleich nach den y_i geordnet (worauf man schon bei der Produktbildung achten kann). Man erhält

$$\boldsymbol{A} \cdot (\boldsymbol{B} \cdot \boldsymbol{y}) = \begin{pmatrix} (a_{11}b_{11} + \cdots + a_{1n}b_{n1})\, y_1 + (a_{11}b_{12} + \cdots + a_{1n}b_{n2})\, y_2 + \cdots + (a_{11}b_{1p} + \cdots + a_{1n}b_{np})\, y_p \\ (a_{21}b_{11} + \cdots + a_{2n}b_{n1})\, y_1 + (a_{21}b_{12} + \cdots + a_{2n}b_{n2})\, y_2 + \cdots + (a_{21}b_{1p} + \cdots + a_{2n}b_{np})\, y_p \\ \dots\dots\dots\dots\dots\dots\dots\dots\dots\dots \\ (a_{m1}b_{11} + \cdots + a_{mn}b_{n1})\, y_1 + (a_{m1}b_{12} + \cdots + a_{mn}b_{n2})\, y_2 + \cdots + (a_{m1}b_{1p} + \cdots + a_{mn}b_{np})\, y_p \end{pmatrix}.$$

Auf der rechten Seite dieser Gleichung steht das Produkt der Matrix

(1.6)

$$\begin{pmatrix} a_{11}b_{11} + \cdots + a_{1n}b_{n1}, & a_{11}b_{12} + \cdots + a_{1n}b_{n2}, & \dots, & a_{11}b_{1p} + \cdots + a_{1n}b_{np} \\ a_{21}b_{11} + \cdots + a_{2n}b_{n1}, & a_{21}b_{12} + \cdots + a_{2n}b_{n2}, & \dots, & a_{21}b_{1p} + \cdots + a_{2n}b_{np} \\ \dots & \dots & \dots & \dots \\ a_{m1}b_{11} + \cdots + a_{mn}b_{n1}, & a_{m1}b_{12} + \cdots + a_{mn}b_{n2}, & \dots, & a_{m1}b_{1p} + \cdots + a_{mn}b_{np} \end{pmatrix}$$

mit dem Vektor $\boldsymbol{y}$. Definiert man daher die Matrix (1.6) als Produkt $\boldsymbol{A} \cdot \boldsymbol{B}$ der Matrix $\boldsymbol{A}$ mit der Matrix $\boldsymbol{B}$, so gilt für die drei Matrizen $\boldsymbol{A}$, $\boldsymbol{B}$ und $\boldsymbol{y}$ die Gleichung

$$\boldsymbol{A} \cdot (\boldsymbol{B} \cdot \boldsymbol{y}) = (\boldsymbol{A} \cdot \boldsymbol{B}) \cdot \boldsymbol{y}. \tag{1.7}$$

Durch „Einsetzen“ von (1.4) in (1.5) würde man dann das Gleichungssystem

$$(\boldsymbol{A} \cdot \boldsymbol{B}) \cdot \boldsymbol{y} = \boldsymbol{a}$$

erhalten. Soweit die Betrachtung der obigen Aufgabenstellung. Sie hat uns auf die folgende Definition geführt.

(1.8) Definition. Das *Produkt* $\boldsymbol{A} \cdot \boldsymbol{B}$ einer Matrix $\boldsymbol{A}$ von m Zeilen und n Spalten mit einer Matrix $\boldsymbol{B}$ von n Zeilen und p Spalten ist eine Matrix von m Zeilen und p Spalten; Element in der i-ten Zeile und k-ten Spalte von $\boldsymbol{A} \cdot \boldsymbol{B}$ ist das skalare Produkt der i-ten Zeile von $\boldsymbol{A}$ mit der k-ten Spalte von $\boldsymbol{B}$ (vgl. (1.6)).

Es ist wichtig, daß die Anzahl n der Spalten von $\boldsymbol{A}$ mit der Anzahl der Zeilen von $\boldsymbol{B}$ übereinstimmt — man sagt: $\boldsymbol{A}$ ist mit $\boldsymbol{B}$ *verkettet* — denn grundsätzlich nur in diesem Fall wird das Produkt $\boldsymbol{A} \cdot \boldsymbol{B}$ definiert. In Abb. 7 ist das Vorgehen bei der Berechnung des Produktes von zwei Matrizen übersichtlich zusammengefaßt; dort werden die Elemente der Produktmatrix spaltenweise berechnet. Die folgende Tatsache stellt das Verhältnis von Definition (1.3) zu Definition (1.8) klar. Es gilt:

erste Spalte von $\boldsymbol{A} \cdot \boldsymbol{B}$ = Matrix $\boldsymbol{A}$ mal erste Spalte von $\boldsymbol{B}$,
zweite Spalte von $\boldsymbol{A} \cdot \boldsymbol{B}$ = Matrix $\boldsymbol{A}$ mal zweite Spalte von $\boldsymbol{B}$,
. . . .
p-te Spalte von $\boldsymbol{A} \cdot \boldsymbol{B}$ = Matrix $\boldsymbol{A}$ mal p-te Spalte von $\boldsymbol{B}$.

In dem Fall, daß die Matrix $\boldsymbol{B}$ nur eine Spalte besitzt, ist demnach das nach Definition (1.8) gebildete Produkt genau das nach Definition (1.3) gebildete.

Zwei Matrizen gelten genau dann als einander gleich, wenn sie an allen entsprechenden Stellen übereinstimmen.[1]) Die Definition des

[1]) Für Vektoren haben wir diese Definition der Gleichheit schon benutzt.

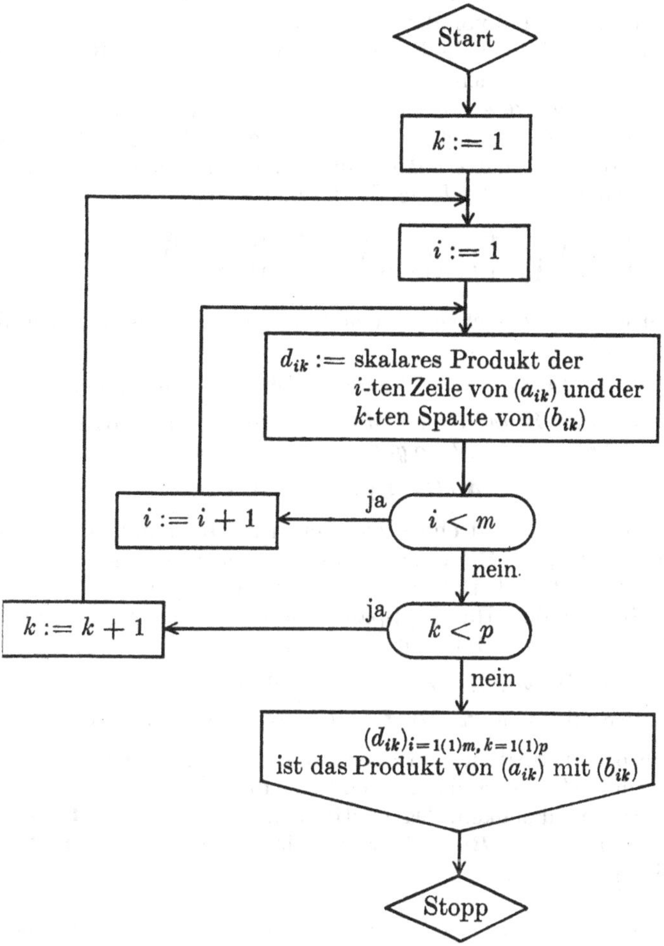

Abb. 7. Flußbild zum Bilden des Matrizenproduktes
Gegeben sind zwei verkettete Matrizen $(a_{ik})_{i=1(1)m,\, k=1(1)n}$
und $(b_{ik})_{i=1(1)n,\, k=1(1)p}$

Produktes $\boldsymbol{A} \cdot \boldsymbol{B}$ der Matrix $\boldsymbol{A}$ mit der Matrix $\boldsymbol{B}$ läßt schon äußerlich erkennen, daß von der Gültigkeit des kommutativen Gesetzes $\boldsymbol{A} \cdot \boldsymbol{B} = \boldsymbol{B} \cdot \boldsymbol{A}$ nicht die Rede sein kann, denn $\boldsymbol{A}$ und $\boldsymbol{B}$ brauchen, wenn sie in der Reihenfolge $\boldsymbol{A}, \boldsymbol{B}$ verkettet sind, in der Reihenfolge $\boldsymbol{B}, \boldsymbol{A}$ gar nicht verkettet zu sein (wenn $m \neq p$ ist), so daß es das Produkt $\boldsymbol{B} \cdot \boldsymbol{A}$ gar nicht gibt. Aber auch in dem Fall, daß beide Produkte $\boldsymbol{A} \cdot \boldsymbol{B}$ und $\boldsymbol{B} \cdot \boldsymbol{A}$ definiert sind, sind sie im allgemeinen verschieden[1]), wie das folgende Beispiel zeigt:

$$\begin{pmatrix} 0 & 0 \\ 1 & 0 \end{pmatrix} \cdot \begin{pmatrix} 2 & 0 \\ 0 & 0 \end{pmatrix} = \begin{pmatrix} 0 & 0 \\ 2 & 0 \end{pmatrix}, \quad \begin{pmatrix} 2 & 0 \\ 0 & 0 \end{pmatrix} \cdot \begin{pmatrix} 0 & 0 \\ 1 & 0 \end{pmatrix} = \begin{pmatrix} 0 & 0 \\ 0 & 0 \end{pmatrix}.$$

Wichtig für das Rechnen mit Matrizenprodukten ist dagegen der folgende Satz.

(1.9) Satz (Assoziatives Gesetz der Matrizenmultiplikation).

Sind $\boldsymbol{A}$, $\boldsymbol{B}$ und $\boldsymbol{C}$ drei Matrizen, von denen $\boldsymbol{A}$ mit $\boldsymbol{B}$ sowie $\boldsymbol{B}$ mit $\boldsymbol{C}$ verkettet ist, so gilt

$$\boldsymbol{A} \cdot (\boldsymbol{B} \cdot \boldsymbol{C}) = (\boldsymbol{A} \cdot \boldsymbol{B}) \cdot \boldsymbol{C}.^{2)}$$

Beweis. $\boldsymbol{B} \cdot \boldsymbol{C}$ hat ebensoviel Zeilen wie $\boldsymbol{B}$, so daß $\boldsymbol{A}$ mit $\boldsymbol{B} \cdot \boldsymbol{C}$ verkettet ist; $\boldsymbol{A} \cdot \boldsymbol{B}$ hat ebensoviel Spalten wie $\boldsymbol{B}$, so daß $\boldsymbol{A} \cdot \boldsymbol{B}$ mit $\boldsymbol{C}$ verkettet ist. Daher lassen sich die Produkte $\boldsymbol{A} \cdot (\boldsymbol{B} \cdot \boldsymbol{C})$ und $(\boldsymbol{A} \cdot \boldsymbol{B}) \cdot \boldsymbol{C}$ bilden. Hat $\boldsymbol{C}$ q Spalten, so haben auch diese Produkte q Spalten. Für $i = 1(1)q$ gilt: Man erhält

die i-te Spalte von $\boldsymbol{A} \cdot (\boldsymbol{B} \cdot \boldsymbol{C})$ in $\boldsymbol{A} \cdot (\boldsymbol{B} \cdot i$-te Spalte von $\boldsymbol{C})$,

die i-te Spalte von $(\boldsymbol{A} \cdot \boldsymbol{B}) \cdot \boldsymbol{C}$ in $(\boldsymbol{A} \cdot \boldsymbol{B}) \cdot i$-te Spalte von $\boldsymbol{C}$.

Diese beiden Spalten sind aber nach (1.7) einander gleich. (Man hat sich in (1.7) an Stelle der Spalte $\boldsymbol{y}$ lediglich die i-te Spalte von $\boldsymbol{C}$ geschrieben zu denken.) Daher stimmen die Spalten von $\boldsymbol{A} \cdot (\boldsymbol{B} \cdot \boldsymbol{C})$ mit denen von $(\boldsymbol{A} \cdot \boldsymbol{B}) \cdot \boldsymbol{C}$ überein, d. h., $\boldsymbol{A} \cdot (\boldsymbol{B} \cdot \boldsymbol{C})$ und $(\boldsymbol{A} \cdot \boldsymbol{B}) \cdot \boldsymbol{C}$ sind einander gleich.

---

[1]) Da bei der Multiplikation von Matrizen aus dem ersten Faktor die Zeilen, aus dem zweiten aber die Spalten in die Rechnung eingehen, ist dies nicht verwunderlich.

[2]) Man braucht also bei fortlaufenden Matrizenprodukten auf keine Klammerung zu achten. Dieses Gesetz ist keineswegs selbstverständlich, ja nicht einmal unmittelbar einzusehen: Von $\boldsymbol{B}$ gehen bei $\boldsymbol{A} \cdot (\boldsymbol{B} \cdot \boldsymbol{C})$ die Zeilen, bei $(\boldsymbol{A} \cdot \boldsymbol{B}) \cdot \boldsymbol{C}$ dagegen die Spalten in die Rechnung ein.

Zwei weitere Operationen mit Matrizen werden wir benötigen, wir haben sie sogar in Spezialfällen schon angewandt.

(1.10) Definition. Eine Matrix $\boldsymbol{A}$ wird *mit einer Zahl t multipliziert,* indem jedes Element von $\boldsymbol{A}$ mit t multipliziert wird:

$$\boldsymbol{A}\cdot t = t\cdot\boldsymbol{A} = \begin{pmatrix} a_{11} & a_{12} & \dots & a_{1n} \\ a_{21} & a_{22} & \dots & a_{2n} \\ \dots & \dots & \dots & \dots \\ a_{m1} & a_{m2} & \dots & a_{mn} \end{pmatrix}\cdot t = \begin{pmatrix} a_{11}t & a_{12}t & \dots & a_{1n}t \\ a_{21}t & a_{22}t & \dots & a_{2n}t \\ \dots & \dots & \dots & \dots \\ a_{m1}t & a_{m2}t & \dots & a_{mn}t \end{pmatrix}.$$

Für $\boldsymbol{A}\cdot(-1)$ wird auch kurz $-\boldsymbol{A}$ geschrieben.

(1.11) Definition. Die *Summe* $\boldsymbol{A}+\boldsymbol{B}$[1]) zweier Matrizen $\boldsymbol{A}$ und $\boldsymbol{B}$, die beide dieselbe Anzahl von Zeilen und dieselbe Anzahl von Spalten haben,[2]) wird gebildet, indem die Elemente an einander entsprechenden Stellen von $\boldsymbol{A}$ und $\boldsymbol{B}$ addiert werden:

$$\boldsymbol{A}+\boldsymbol{B} = \begin{pmatrix} a_{11} & a_{12} & \dots & a_{1n} \\ a_{21} & a_{22} & \dots & a_{2n} \\ \dots & \dots & \dots & \dots \\ a_{m1} & a_{m2} & \dots & a_{mn} \end{pmatrix} + \begin{pmatrix} b_{11} & b_{12} & \dots & b_{1n} \\ b_{21} & b_{22} & \dots & b_{2n} \\ \dots & \dots & \dots & \dots \\ b_{m1} & b_{m2} & \dots & b_{mn} \end{pmatrix}$$

$$= \begin{pmatrix} a_{11}+b_{11} & a_{12}+b_{12} & \dots & a_{1n}+b_{1n} \\ a_{21}+b_{21} & a_{22}+b_{22} & \dots & a_{2n}+b_{2n} \\ \dots & \dots & \dots & \dots \\ a_{m1}+b_{m1} & a_{m2}+b_{m2} & \dots & a_{mn}+b_{mn} \end{pmatrix}.$$

(Das Element in der i-ten Zeile und k-ten Spalte von $\boldsymbol{A}+\boldsymbol{B}$ ist $a_{ik}+b_{ik}$.) Für $\boldsymbol{A}+(-\boldsymbol{B})$ wird auch kurz $\boldsymbol{A}-\boldsymbol{B}$ geschrieben.

Beim Gaußschen Algorithmus in Tabelle 3 haben wir diese Operationen z. B. angewandt, indem wir das Dreifache der ersten Zeile zur zweiten addierten. In der jetzigen Schreibweise ent-

---

[1]) Es gilt hier sinngemäß das in der Fußnote auf Seite 38 über das Produkt Gesagte.

[2]) Grundsätzlich nur in diesem Fall wird die Summe zweier Matrizen definiert.

spricht dem die folgende Rechnung:

$$\begin{aligned}&(2, 3, -1, 0, 20) \cdot 3 + (-6, -5, 0, 2, -45)\\ &= (6, 9, -3, 0, 60) \quad + (-6, -5, 0, 2, -45)\\ &= (0, 4, -3, 2, 15).\end{aligned}$$

(1.12) Satz. *Unter der Voraussetzung, daß die nötigen Matrizenoperationen ausführbar sind, gelten für sonst beliebige Matrizen* $\boldsymbol{A}, \boldsymbol{B}, \boldsymbol{C}$ *und Zahlen* s, t *die Regeln*

$\boldsymbol{A} \cdot (s + t) = \boldsymbol{A} \cdot s + \boldsymbol{A} \cdot t,$

$\boldsymbol{A} + \boldsymbol{B} = \boldsymbol{B} + \boldsymbol{A}$ (*kommutatives Gesetz der Matrizenaddition*).

$(\boldsymbol{A} + \boldsymbol{B}) + \boldsymbol{C} = \boldsymbol{A} + (\boldsymbol{B} + \boldsymbol{C})$ (*assoziatives Gesetz der Matrizenaddition*),

$$\left.\begin{aligned}\boldsymbol{A} \cdot (\boldsymbol{B} + \boldsymbol{C}) &= \boldsymbol{A} \cdot \boldsymbol{B} + \boldsymbol{A} \cdot \boldsymbol{C},\\ (\boldsymbol{A} + \boldsymbol{B}) \cdot \boldsymbol{C} &= \boldsymbol{A} \cdot \boldsymbol{C} + \boldsymbol{B} \cdot \boldsymbol{C}\end{aligned}\right\} \text{(distributive Gesetze).}$$

Beweis. Die Gültigkeit der ersten drei Regeln ist unmittelbar aus den Definitionen (1.10) und (1.11) abzulesen. Die beiden distributiven Gesetze — da die Matrizenmultiplikation nicht kommutativ ist, muß man hier zwei Gesetze formulieren — bestehen, weil

$$\begin{aligned}\boldsymbol{A} \cdot (\boldsymbol{B} + \boldsymbol{C}) &= \big(a_{i1} \cdot (b_{1k} + c_{1k}) + \cdots + a_{in} \cdot (b_{nk} + c_{nk})\big)_{i=1(1)m,k=1(1)p}\\ &= (a_{i1}b_{1k} + \cdots + a_{in}b_{nk} + a_{i1}c_{1k} + \cdots\\ &\quad + a_{in}c_{nk})_{i=1(1)m,k=1(1)p} = \boldsymbol{A} \cdot \boldsymbol{B} + \boldsymbol{A} \cdot \boldsymbol{C}\end{aligned}$$

und

$$\begin{aligned}(\boldsymbol{A} + \boldsymbol{B}) \cdot \boldsymbol{C} &= \big((a_{i1} + b_{i1}) \cdot c_{1k} + \cdots + (a_{in} + b_{in}) \cdot c_{nk}\big)_{i=1(1)m,k=1(1)p}\\ &= (a_{i1}c_{1k} + \cdots + a_{in}c_{nk} + b_{i1}c_{1k} + \cdots\\ &\quad + b_{in}c_{nk})_{i=1(1)m,k=1(1)p} = \boldsymbol{A} \cdot \boldsymbol{C} + \boldsymbol{B} \cdot \boldsymbol{C}\end{aligned}$$

ist.

Beim Rechnen mit Matrizen spielen einige besondere Matrizen eine Rolle, die auch mit Standardsymbolen bezeichnet werden. Mit $\boldsymbol{o}$ bezeichnen wir einen Spaltenvektor, dessen Komponenten alle gleich Null sind:

$$\boldsymbol{o} = \begin{pmatrix}0\\0\\\vdots\\0\end{pmatrix}.$$

Die Anzahl der Komponenten von $\boldsymbol{o}$ ist nicht festgelegt, so daß hier eigentlich verschiedene Matrizen mit demselben Symbol bezeichnet werden; aus dem jeweiligen Zusammenhang, in dem das Symbol $\boldsymbol{o}$ vorkommt, wird aber stets hervorgehen, wieviel Komponenten $\boldsymbol{o}$ hat. Die wichtigste Eigenschaft von $\boldsymbol{o}$ ist: Für einen beliebigen Spaltenvektor $\boldsymbol{a}$ mit m Komponenten gilt

$$\boldsymbol{a} + \underset{(m \text{ Komponenten})}{\boldsymbol{o} = \boldsymbol{o}} + \boldsymbol{a} = \boldsymbol{a}.$$

Die Vektoren $\boldsymbol{o}$ und $\boldsymbol{o}^{\mathrm{T}}$ heißen *Nullvektoren.*

In einer Matrix $(a_{ik})_{i=1(1)m,k=1(1)n}$ heißen die Elemente a_{11}, a_{22}, a_{33}, ... Elemente der *Hauptdiagonalen.* Stimmt die Anzahl m der Zeilen mit der Anzahl n der Spalten überein, so heißt die Matrix *quadratisch.* Mit $\boldsymbol{E}$ bezeichnen wir eine quadratische Matrix, deren Hauptdiagonalelemente gleich 1, alle übrigen Elemente dagegen gleich 0 sind:

$$\boldsymbol{E} = \begin{pmatrix} 1 & 0 & \cdots & 0 \\ 0 & 1 & \cdots & 0 \\ \hdotsfor{4} \\ 0 & 0 & \cdots & 1 \end{pmatrix};$$

$\boldsymbol{E}$ heißt *Einheitsmatrix.* Die Anzahl der Zeilen (und Spalten) von $\boldsymbol{E}$ ist nicht festgelegt, wird aber aus dem jeweiligen Zusammenhang stets hervorgehen. Die wichtigste Eigenschaft von $\boldsymbol{E}$ ist: Für eine beliebige Matrix $\boldsymbol{A}$ mit m Zeilen und n Spalten gilt

$$\boldsymbol{A} \cdot \underset{(n \text{ Zeilen})}{\boldsymbol{E}} = \underset{(m \text{ Zeilen})}{\boldsymbol{E}} \cdot \boldsymbol{A} = \boldsymbol{A}.$$

2. Reguläre und singuläre Matrizen

Es sei $\boldsymbol{A} = (a_{ik})_{i=1(1)n,k=1(1)n}$, $\boldsymbol{a} = (a_i)_{i=1(1)n}$, $\boldsymbol{x} = (x_i)_{i=1(1)n}$. Wir knüpfen an das Flußbild von Abb. 6 an, das sich auf das Gleichungssystem $\boldsymbol{A} \cdot \boldsymbol{x} = \boldsymbol{a}$ bezieht, und heben einen besonderen Gesichtspunkt hervor: Die während der Rechnung zu fällenden Entscheidungen auf Grund der Frage „$b_{jj} \neq 0$“ hängen nur von der

Matrix $\boldsymbol{A}$ ab, sind also von der rechten Seite $\boldsymbol{a}$ unabhängig! Tritt daher für $i = 1(1)n$ der Fall $b_{ii} \neq 0$ ein, so ist das eine besondere Eigenschaft der (quadratischen) Matrix $\boldsymbol{A}$. Aus dieser Eigenschaft von $\boldsymbol{A}$ folgt z. B., daß das Gleichungssystem $\boldsymbol{A} \cdot \boldsymbol{x} = \boldsymbol{a}$ zu jeder beliebig vorgegebenen rechten Seite $\boldsymbol{a}$ genau eine Lösung besitzt. (Die zu $\boldsymbol{a}$ gehörige Lösung $\boldsymbol{x} = \boldsymbol{\xi}$ läßt sich nach Abb. 6 berechnen.) Ist aber

$$\boldsymbol{A}_0 = \begin{pmatrix} 1 & -1 & 0 & -2 \\ 2 & -2 & -1 & -2 \\ -2 & 1 & 5 & -6 \\ -2 & 2 & 2 & 1 \end{pmatrix},$$

und wird $\boldsymbol{A}_0$ nach den Rechenvorschriften des verketteten Algorithmus umgeformt, wobei die rechte Seite $\boldsymbol{a}$ des Gleichungssystems $\boldsymbol{A}_0 \cdot \boldsymbol{x} = \boldsymbol{a}$ zunächst ganz außer acht bleiben kann, so ergibt sich die in Tabelle 9 dargestellte Situation. Die zweite c-Spalte kann nicht gebildet werden. Man erkennt aber, daß sich nach Vertauschung der zweiten und dritten Spalte von $\boldsymbol{A}_0$ $b_{22} = -1$ ergeben würde und die Rechnung ihren Fortgang finden könnte; dies zeigt Tabelle 10. Wie auch immer die rechte Seite von $\boldsymbol{A}_0 \cdot \boldsymbol{x} = \boldsymbol{a}$ aussieht, es ist ersichtlich, daß stets genau eine Lösung $\boldsymbol{x} = \boldsymbol{\xi}$ existiert. (Bei der Angabe des Ergebnisses ist lediglich darauf zu achten, daß in dem formal berechneten Lösungsvektor die zweite und dritte Komponente vertauscht werden müssen.)

Tabelle 9

x_1	x_2	x_3	x_4
1	−1	0	−2
2	−2	−1	−2
−2	1	5	−6
−2	2	2	1
1	−1	0	−2
−2	0	−1	2
2			
2			

Tabelle 10

x_1	x_3	x_2	x_4
1	0	−1	−2
2	−1	−2	−2
−2	5	1	−6
−2	2	2	1
1	0	−1	−2
−2	−1	0	2
2	5	−1	0
2	2	0	1

Auch in allgemeinen Fall kombinieren wir die Umformung einer Matrix nach dem verketteten Algorithmus mit folgendem Spaltenvertauschungsprinzip: Man forme die Matrix nach den Vorschriften des verketteten Algorithmus um. Ergibt sich in der j-ten b-Zeile $b_{jj} = 0$, aber für das Element b_{jp} (in der p-ten Spalte der j-ten Zeile) $b_{jp} \neq 0$, so wird die Rechnung nach Vertauschung der j-ten und p-ten Spalte fortgeführt.

Dieses Prinzip ermöglicht genau dann keine Fortführung der Rechnung, wenn die j-te b-Zeile aus lauter Nullen besteht.

(2.1) Definition. Eine quadratische[1] Matrix $\boldsymbol{A}$ heißt *regulär*, wenn die Anwendung des verketteten Algorithmus (mit Spaltenvertauschungsprinzip) auf $\boldsymbol{A}$ keine b-Zeile ergibt, die aus lauter Nullen besteht. Im anderen Fall heißt $\boldsymbol{A}$ *singulär*.

Es scheint zunächst noch so, als ob die Auswahl der Spalten für notwendige Spaltenvertauschungen einen Einfluß auf die Entscheidung über die Regularität einer Matrix haben könnte. Die Charakterisierung der Regularität in den gleich folgenden Sätzen (2.4) bzw. (2.4′) zeigt jedoch, daß dies nicht der Fall ist.

(2.2) Bemerkung. Wenn $\boldsymbol{A}$ regulär ist, besitzt das System $\boldsymbol{A} \cdot \boldsymbol{x} = \boldsymbol{a}$ zu jeder rechten Seite $\boldsymbol{a}$ eine Lösung, und zwar genau eine.

Beweis. Das System $\boldsymbol{A} \cdot \boldsymbol{x} = \boldsymbol{a}$ läßt sich (gegebenenfalls nach Spaltenvertauschungen) in ein äquivalentes gestaffeltes System umformen, das wie das Ausgangssystem aus n Gleichungen besteht und eine eindeutig bestimmte Lösung besitzt.

(2.3) Bemerkung. Wenn $\boldsymbol{A}$ singulär ist, gibt es eine rechte Seite $\boldsymbol{a}$, für die das System $\boldsymbol{A} \cdot \boldsymbol{x} = \boldsymbol{a}$ keine Lösung besitzt.

Beweis. Da $\boldsymbol{A}$ singulär ist, ergibt sich bei Anwendung des verketteten Algorithmus auf $\boldsymbol{A}$ eine j-te b-Zeile, die aus lauter Nullen besteht. Denkt man sich die rechte Seite in die Umformungen des verketteten Algorithmus einbegriffen, so entsteht als j-te Gleichung $0 = b_j$, wobei $b_j = a_j +$ skalares $\text{Produkt}_{1,j-1}$ der j-ten c-Zeile und $(n + 1)$-ten b-Spalte ist. Es gibt daher sicher eine rechte Seite $\boldsymbol{a}$,

[1]) Grundsätzlich nur in diesem Fall wird von Regularität bzw. Singularität gesprochen.

aus der sich bei dieser Umformung $b_j = 1$ ergibt. (In einer gegebenen rechten Seite braucht man nur die j-te Komponente geeignet abzuändern.) Das Gleichungssystem $\boldsymbol{A} \cdot \boldsymbol{x} = \boldsymbol{a}$ besitzt keine Lösung, da ein äquivalentes System eine unerfüllbare Gleichung enthält.

Die Aussagen der Bemerkungen (2.2) und (2.3) lassen sich zusammenfassen zu dem folgenden Satz.

(2.4) Satz. *Die quadratische Matrix $\boldsymbol{A}$ ist genau dann regulär, wenn das System $\boldsymbol{A} \cdot \boldsymbol{x} = \boldsymbol{a}$ zu jeder rechten Seite $\boldsymbol{a}$ genau eine Lösung besitzt.*

Man kann die Bemerkungen auch wie folgt zusammenfassen:

(2.4′) Satz. *Die quadratische Matrix $\boldsymbol{A}$ ist genau dann singulär, wenn es eine rechte Seite $\boldsymbol{a}$ gibt, für die das System $\boldsymbol{A} \cdot \boldsymbol{x} = \boldsymbol{a}$ keine Lösung besitzt.*

Als weiteres für spätere Überlegungen wichtiges Resultat dieses Abschnittes beweisen wir schließlich noch die folgende Aussage.

(2.5) Satz. *Das Produkt $\boldsymbol{A} \cdot \boldsymbol{B}$ zweier quadratischer Matrizen $\boldsymbol{A}$ und $\boldsymbol{B}$ ist genau dann regulär, wenn sowohl $\boldsymbol{A}$ als auch $\boldsymbol{B}$ regulär ist.*

Beweis. Der Satz wird bewiesen, indem die folgenden Fälle unterschieden und ihre Aussagen bewiesen werden.

Fall a: Ist $\boldsymbol{A}$ regulär und $\boldsymbol{B}$ regulär, so ist $\boldsymbol{A} \cdot \boldsymbol{B}$ regulär.
Fall b: Ist $\boldsymbol{A}$ regulär und $\boldsymbol{B}$ singulär, so ist $\boldsymbol{A} \cdot \boldsymbol{B}$ singulär.
Fall c: Ist $\boldsymbol{A}$ singulär und $\boldsymbol{B}$ regulär, so ist $\boldsymbol{A} \cdot \boldsymbol{B}$ singulär.
Fall d: Ist $\boldsymbol{A}$ singulär und $\boldsymbol{B}$ singulär, so ist $\boldsymbol{A} \cdot \boldsymbol{B}$ singulär.

Zu Fall a: Das System $\boldsymbol{A} \cdot \boldsymbol{B} = \boldsymbol{a}$ besitzt, da $\boldsymbol{A}$ regulär ist, zu beliebigem $\boldsymbol{a}$ eine Lösung $\boldsymbol{y} = \eta$. Das System $\boldsymbol{B} \cdot \boldsymbol{x} = \eta$ besitzt, da $\boldsymbol{B}$ regulär ist, eine Lösung $\boldsymbol{x} = \xi$. Diese ist auch Lösung des Systems $\boldsymbol{A} \cdot \boldsymbol{B} \cdot \boldsymbol{x} = \boldsymbol{a}$, das somit zu beliebigem $\boldsymbol{a}$ stets eine Lösung besitzt, d. h., $\boldsymbol{A} \cdot \boldsymbol{B}$ ist regulär (Begründung der Schlüsse durch Satz (2.4′)).

Zu Fall b: Da $\boldsymbol{B}$ singulär ist, gibt es nach Satz (2.4′) ein System $\boldsymbol{B} \cdot \boldsymbol{x} = \boldsymbol{b}$, das keine Lösung besitzt. Man setze $\boldsymbol{a} := \boldsymbol{A} \cdot \boldsymbol{b}$, so daß das System $\boldsymbol{A} \cdot \boldsymbol{y} = \boldsymbol{a}$ nach Satz (2.4) die eindeutig bestimmte

Lösung $\boldsymbol{y} = \boldsymbol{b}$ hat. Hätte dann $\boldsymbol{A} \cdot \boldsymbol{B} \cdot \boldsymbol{x} = \boldsymbol{a}$ eine Lösung $\boldsymbol{x} = \boldsymbol{\xi}$, so müßte $\boldsymbol{B} \cdot \boldsymbol{\xi} = \boldsymbol{b}$ sein im Widerspruch dazu, daß $\boldsymbol{B} \cdot \boldsymbol{x} = \boldsymbol{b}$ unlösbar ist. Das Gleichungssystem $\boldsymbol{A} \cdot \boldsymbol{B} \cdot \boldsymbol{x} = \boldsymbol{a}$ hat daher keine Lösung, d. h. nach Satz (2.4'), $\boldsymbol{A} \cdot \boldsymbol{B}$ ist singulär.

Zu Fall c und d: Da $\boldsymbol{A}$ singulär ist, gibt es nach Satz (2.4') ein System $\boldsymbol{A} \cdot \boldsymbol{y} = \boldsymbol{a}$, das keine Lösung besitzt. Dann hat auch das System $\boldsymbol{A} \cdot \boldsymbol{B} \cdot \boldsymbol{x} = \boldsymbol{a}$ keine Lösung; hätte es die Lösung $\boldsymbol{x} = \boldsymbol{\xi}$, so hätte $\boldsymbol{A} \cdot \boldsymbol{y} = \boldsymbol{a}$ die Lösung $\boldsymbol{y} = \boldsymbol{B} \cdot \boldsymbol{\xi}$. Nach Satz (2.4') ist somit $\boldsymbol{A} \cdot \boldsymbol{B}$ singulär.

3. Die inverse Matrix einer regulären Matrix

Es bestehe die Aufgabe, das Gleichungssystem

(3.1) $$\boldsymbol{A} \cdot \boldsymbol{x} = \boldsymbol{a}$$

mit der regulären n-zeiligen Koeffizientenmatrix $\boldsymbol{A}$ zu lösen, wobei jedoch der Vektor $\boldsymbol{a}$ gewissen Änderungen unterworfen sei. In diesem Fall wäre es angenehm, wenn man die Lösung von (3.1) mit einer Matrix $\boldsymbol{A}^{-1}$, die allein durch $\boldsymbol{A}$ bestimmt ist, in der Form

(3.2) $$\boldsymbol{x} = \boldsymbol{A}^{-1} \cdot \boldsymbol{a}$$

angeben könnte; für verschiedene $\boldsymbol{a}$ läßt sich dann die jeweilige Lösung durch eine Multiplikation von $\boldsymbol{A}^{-1}$ mit $\boldsymbol{a}$ gewinnen, womit kein mehrmaliges Durchrechnen des verketteten Algorithmus erforderlich ist. (An (3.2) ist zu sehen, daß $\boldsymbol{A}^{-1}$ ebenfalls n Zeilen und n Spalten haben muß.) Bestimmt man $\boldsymbol{A}^{-1}$ in der Tat so, daß

(3.3) $$\boldsymbol{A} \cdot \boldsymbol{A}^{-1} = \boldsymbol{E}$$

gilt, dann ist durch (3.2) die Lösung von (3.1) gegeben, wie die folgende Rechnung zeigt:

$$\boldsymbol{A} \cdot (\boldsymbol{A}^{-1} \cdot \boldsymbol{a}) = (\boldsymbol{A} \cdot \boldsymbol{A}^{-1}) \cdot \boldsymbol{a} = \boldsymbol{E} \cdot \boldsymbol{a} = \boldsymbol{a}.$$

(3.4) Bemerkung. Zu jeder regulären Matrix $\boldsymbol{A}$ gibt es genau eine Matrix $\boldsymbol{A}^{-1}$, die sogenannte *inverse* Matrix, welche die Gleichung (3.3) erfüllt.

Beweis. Nach Definition des Produktes zweier Matrizen ist Gleichung (3.3) gleichbedeutend mit folgenden Gleichungen:

$$
\begin{aligned}
&\boldsymbol{A} \text{ mal erste Spalte von } \boldsymbol{A}^{-1} = \text{erste Spalte von } \boldsymbol{E},\\
&\boldsymbol{A} \text{ mal zweite Spalte von } \boldsymbol{A}^{-1} = \text{zweite Spalte von } \boldsymbol{E},\\
&\dots\dots\dots\dots\dots\dots\dots\dots\dots\dots\dots\\
&\boldsymbol{A} \text{ mal } n\text{-te Spalte von } \boldsymbol{A}^{-1} = n\text{-te Spalte von } \boldsymbol{E}.
\end{aligned}
$$

Jede dieser n Gleichungen repräsentiert ein Gleichungssystem mit der Koeffizientenmatrix $\boldsymbol{A}$. Da $\boldsymbol{A}$ regulär ist, besitzt jedes dieser Systeme nach Satz (2.4) genau eine Lösung, d. h., die einzelnen Spalten von $\boldsymbol{A}^{-1}$ lassen sich berechnen und sind eindeutig bestimmt.

Durch die Feststellungen im Beweis zu Bemerkung (3.4) bietet die Berechnung von $\boldsymbol{A}^{-1}$ prinzipiell keine neuen Schwierigkeiten: Man hat Gleichungssysteme mit der Koeffizientenmatrix $\boldsymbol{A}$ und n verschiedenen rechten Seiten zu lösen. Die Berechnung der Lösungen dieser Systeme kann simultan geschehen, wenn das Rechenschema des verketteten Algorithmus erweitert wird. Dazu

Tabelle 11

x_1	x_2	. . .	x_n	$= n$ rechte Seiten				
a_{11}	a_{12}	. . .	a_{1n}	1 0 . . . 0				
a_{21}	a_{22}	. . .	a_{2n}	0 1 . . . 0				
. . .	. . .	. . .	. . .	. . . . . .				
a_{n1}	a_{n2}	. . .	a_{nn}	0 0 . . . 1				
b_{11}	b_{12}	. . .	b_{1n}	1 0 . . . 0	α_{11}	α_{12}	. . .	α_{1n}
c_{21}	b_{22}	. . .	b_{2n}	* 1 . . . 0	α_{21}	α_{22}	. . .	α_{2n}
. . .	. . .	. . .	. . .	. . . . . .	. . .	. . .	. . .	. . .
		b_{ii}					α_{ij}	
. . .	. . .	. . .	. . .	. . . . . .	. . .	. . .	. . .	. . .
c_{n1}	c_{n2}	. . .	b_{nn}	* * . . . 1	α_{n1}	α_{n2}	. .	α_{nn}
					−1	0	. .	0
					0	−1	. .	0
					.	.	. .	.
					0	0	. .	−1

ordne man die n rechten Seiten wie in Tabelle 11 nebeneinander an. Auch die Rechenvorschriften des verketteten Algorithmus müssen teilweise modifiziert werden. Beim Bilden der b-Zeilen muß die Vorschrift, die sich auf das Berechnen des Elementes der rechten Seite bezieht, auf alle n rechten Seiten ausgedehnt werden. (Rechnung formal ganz analog!) Die b-Zeilen erhalten dadurch $(n + 1)$-te bis $2n$-te Komponenten.

Zum Berechnen der Lösungsspalten der n Gleichungssysteme formulieren wir an Stelle der Vorschrift „Bilden der ξ-Spalte" die neue Vorschrift

Bilden der α-Spalten:

a) Man ergänze die α-Spalten durch $(n + 1)$-te bis $2n$-te Komponenten mit den Spalten von $-\boldsymbol{E}$.

b) Für $j = 1(1)n$ rechne man nach der Vorschrift
$\alpha_{ij} :=$ (skalares Produkt$_{i+1,2n}$ der i-ten b-Zeile und j-ten α-Spalte)$/-b_{ii}$
(für $i = n(-1)1$).

(In Tabelle 11 ist durch Strichelung angedeutet, welche Elemente zur Bildung des skalaren Produktes benutzt werden. Die Anordnung der Zahlen -1 und 0 rechts unten bewirkt, daß bei der Berechnung der j-ten α-Spalte von den n rechten Seiten genau die j-te berücksichtigt wird.)

Die Berechnung von $\boldsymbol{A}^{-1}$ ist an die Voraussetzung $b_{ii} \neq 0$ für $i = 1(1)n$ gebunden. Da $\boldsymbol{A}$ jedoch regulär ist, läßt sich dies durch Spaltenvertauschung nach Definition (2.1) stets erreichen. (Bei der Angabe des Ergebnisses müssen diese vorgenommenen Spaltenvertauschungen berücksichtigt werden!) Um eventuelle Spaltenvertauschungen anzuzeigen, ist es ratsam, in der ersten Zeile des Schemas die Zeile $\boldsymbol{x}^{\mathrm{T}}$ aufzuschreiben und deren Komponenten stets mitzuvertauschen. Ist z. B.

$$\boldsymbol{A}_0 = \begin{pmatrix} 1 & -1 & 0 & -2 \\ 2 & -2 & -1 & -2 \\ -2 & 1 & 5 & -6 \\ -2 & 2 & 2 & 1 \end{pmatrix},$$

so führt die Rechnung, wie wir schon in Tabelle 9 gesehen haben, auf $b_{22} = 0$. Durch Vertauschung der zweiten und dritten Spalte läßt sich das jedoch beheben, und es entsteht das in Tabelle 12 wiedergegebene Rechenschema. Tabelle 12 beginnt, wie gesagt, mit der Matrix, die aus A_0 durch Vertauschung der zweiten und dritten Spalte entsteht. Zu dieser Matrix ist somit

$$\begin{pmatrix} 5 & -1 & -1 & 2 \\ -2 & 3 & 0 & 2 \\ 8 & -5 & -1 & 0 \\ -2 & 2 & 0 & 1 \end{pmatrix}$$

Tabelle 12

x_1	x_3	x_2	x_4	=							
1	0	−1	−2	1	0	0	0				
2	−1	−2	−2	0	1	0	0				
−2	5	1	−6	0	0	1	0				
−2	2	2	1	0	0	0	1				
1	0	−1	−2	1	0	0	0	5	−1	−1	2
−2	−1	0	2	−2	1	0	0	−2	3	0	2
2	5	−1	0	−8	5	1	0	8	−5	−1	0
2	2	0	1	−2	2	0	1	−2	2	0	1
								−1	0	0	0
								0	−1	0	0
								0	0	−1	0
								0	0	0	−1

die inverse. Um A_0^{-1} zu erhalten, muß man hierin noch die zweite und dritte Zeile vertauschen (Vertauschung der Komponenten in den Lösungsvektoren), d. h., es ist

$$A_0^{-1} = \begin{pmatrix} 5 & -1 & -1 & 2 \\ 8 & -5 & -1 & 0 \\ -2 & 3 & 0 & 2 \\ -2 & 2 & 0 & 1 \end{pmatrix}.$$

Das Flußbild in Abb. 8 faßt den Ablauf des Verfahrens zur

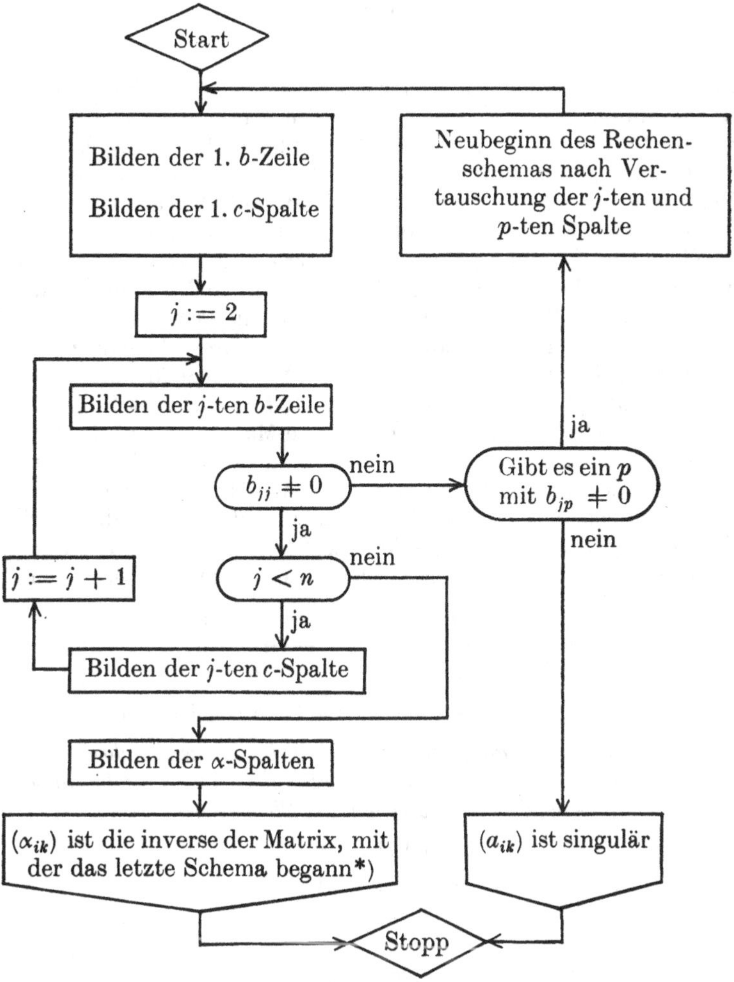

* Die erste Zeile des Schemas gibt an, wie die Zeilen von $(a_{ik})^{-1}$ aus (α_{ik}) zu entnehmen sind.

Abb. 8. Flußbild zur Berechnung der inversen Matrix. Gegeben ist eine Matrix $(a_{ik})_{i=1(1)n,\, k=1(1)n}$. Beginn des Rechenschemas mit

$\boldsymbol{x}^{\mathrm{T}}$	$=$
(a_{ik})	$\boldsymbol{E}$

Bestimmung der inversen Matrix einer beliebigen regulären Matrix $\boldsymbol{A}$ zusammen, wobei sich im allgemeinen überhaupt erst während der Rechnung zeigen kann, ob die gegebene Matrix regulär ist; stellt sich dagegen heraus, daß die Matrix singulär ist, so wird die Rechnung abgebrochen. Dazu muß jetzt noch bewiesen werden, daß in diesem Fall keine inverse Matrix zu $\boldsymbol{A}$ existiert.

Wir haben die inverse Matrix $\boldsymbol{A}^{-1}$ einer quadratischen Matrix $\boldsymbol{A}$ definiert als Lösung der Gleichung $\boldsymbol{A} \cdot \boldsymbol{A}^{-1} = \boldsymbol{E}$. Nun ist die Einheitsmatrix $\boldsymbol{E}$ regulär, denn das Gleichungssystem $\boldsymbol{E} \cdot \boldsymbol{x} = \boldsymbol{a}$ hat zu beliebiger rechter Seite $\boldsymbol{a}$ natürlich die einzige Lösung $\boldsymbol{x} = \boldsymbol{a}$ (Satz (2.4)). Das heißt, das Produkt $\boldsymbol{A} \cdot \boldsymbol{A}^{-1}$ ist regulär, und damit folgt aus Satz (2.5), daß sowohl $\boldsymbol{A}$ als auch $\boldsymbol{A}^{-1}$ regulär ist. Singuläre Matrizen besitzen demnach keine inverse Matrix, so daß die Voraussetzung der Regularität von $\boldsymbol{A}$ notwendig und (nach Bemerkung (3.4)) hinreichend für die Existenz von $\boldsymbol{A}^{-1}$ ist. Unter dieser Voraussetzung ist aber $\boldsymbol{A}^{-1}$ ebenfalls regulär, und es gibt daher nach Bemerkung (3.4) genau eine Matrix $(\boldsymbol{A}^{-1})^{-1}$, die die Gleichung $\boldsymbol{A}^{-1} \cdot (\boldsymbol{A}^{-1})^{-1} = \boldsymbol{E}$ erfüllt. Diese Gleichung vereinfacht sich, denn es gilt

$$\underbrace{(\boldsymbol{A} \cdot \boldsymbol{A}^{-1})}_{\boldsymbol{E}} \cdot (\boldsymbol{A}^{-1})^{-1} = \boldsymbol{A} \cdot \underbrace{(\boldsymbol{A}^{-1} \cdot (\boldsymbol{A}^{-1})^{-1})}_{\boldsymbol{E}}$$

und somit $(\boldsymbol{A}^{-1})^{-1} = \boldsymbol{A}$. Zusammenfassend ergibt sich folgender Satz:

(3.5) Satz. *Eine quadratische Matrix $\boldsymbol{A}$ besitzt genau dann eine inverse Matrix $\boldsymbol{A}^{-1}$, wenn sie regulär ist. $\boldsymbol{A}^{-1}$ ist eindeutig bestimmt, regulär, und es bestehen die Gleichungen*

$$(\boldsymbol{A}^{-1})^{-1} = \boldsymbol{A},$$
$$\boldsymbol{A} \cdot \boldsymbol{A}^{-1} = \boldsymbol{A}^{-1} \cdot \boldsymbol{A} = \boldsymbol{E}.$$

Aufgaben

1. Es sei
$$\boldsymbol{A} = \begin{pmatrix} 3 & -2 & 5 \\ 4 & 0 & -7 \end{pmatrix}, \quad \boldsymbol{B} = \begin{pmatrix} 1 & -2 & 0 \\ 1 & 1 & 3 \end{pmatrix}.$$
Man bestimme $\boldsymbol{X}$ so, daß $\boldsymbol{A} + 2 \cdot \boldsymbol{X} = \boldsymbol{B}$ ist.

2. Gegeben sind die Polynome $f(x) = 2x^2 - 3x + 4$, $g(x) = x^2 - 4x - 17$ und $h(x, y) = x^2 - 4xy + 4x + y$. Man berechne $f(\boldsymbol{A})$, $g(\boldsymbol{B})$ und $h(\boldsymbol{C}, \boldsymbol{D})$

für

$$\boldsymbol{A} = \begin{pmatrix} 2 & 1 \\ 1 & 3 \end{pmatrix}, \quad \boldsymbol{B} = \begin{pmatrix} 3 & 5 \\ 4 & 1 \end{pmatrix}, \quad \boldsymbol{C} = \begin{pmatrix} 3 & 0 & 1 \\ 1 & 0 & 5 \\ 2 & -1 & 1 \end{pmatrix}, \quad \boldsymbol{D} = \begin{pmatrix} 1 & -1 & 0 \\ 2 & 1 & 1 \\ -1 & 0 & 1 \end{pmatrix};$$

dabei sei $\boldsymbol{X}^0 = \boldsymbol{E}$.

3. Ein Betrieb A verarbeitet x_i Tonnen der Rohstoffe R_i zu y_j Tonnen der Zwischenprodukte Z_j, aus denen ein Betrieb B z_k Tonnen der Endprodukte E_k erzeugt. Für 1 Tonne Z_j werden a_{ij} Tonnen R_i, für 1 Tonne E_k werden b_{jk} Tonnen Z_j benötigt ($i = 1(1)3$, $j = 1(1)4$, $k = 1(1)2$). Es sei $\boldsymbol{x} = (x_i)$, $\boldsymbol{z} = (z_k)$, $\boldsymbol{A} = (a_{ij})$, $\boldsymbol{B} = (b_{jk})$. Welches lineare Gleichungssystem besteht zwischen $\boldsymbol{x}$ und $\boldsymbol{z}$?

4. Verflechtung von mehreren Abteilungen eines Betriebes bzw. zwischen Produktionszweigen der Volkswirtschaft.

   a) Es sei x_i die Gesamtproduktion des i-ten Produktionszweiges, $m_{ik}x_k$ der Teil von der Produktion des i-ten Zweiges, der an den k-ten Zweig, sowie y_i derjenige Teil von der Produktion des i-ten Zweiges, der an Abnehmer außerhalb des Verflechtungssystems geliefert wird ($i, k = 1(1)n$). Weiter sei $\boldsymbol{x} = (x_i)$, $\boldsymbol{y} = (y_i)$, $\boldsymbol{M} = (m_{ik})$. Welches lineare Gleichungssystem besteht zwischen $\boldsymbol{x}$ und $\boldsymbol{y}$?

   b) Es seien p_i bzw. q_i Einzelpreis bzw. Neuwert eines Erzeugnisses des i-ten Produktionszweiges ($i = 1(1)n$) sowie $\boldsymbol{p} = (p_i)$, $\boldsymbol{q} = (q_i)$. Welches lineare Gleichungssystem besteht zwischen $\boldsymbol{p}$ und $\boldsymbol{q}$?

5. Es ist zu beweisen, daß für Matrizen $\boldsymbol{A}$ mit m Zeilen und n Spalten und Matrizen $\boldsymbol{B}$ mit n Zeilen und p Spalten $(\boldsymbol{A} \cdot \boldsymbol{B})^{\mathrm{T}} = \boldsymbol{B}^{\mathrm{T}} \cdot \boldsymbol{A}^{\mathrm{T}}$ gilt.

6. Wir betrachten für quadratische Matrizen neben dem üblichen Matrizenprodukt $\boldsymbol{A} \cdot \boldsymbol{B}$ („Zeilen mal Spalten") die Verknüpfungen $\boldsymbol{A} \circ_1 \boldsymbol{B}$, $\boldsymbol{A} \circ_2 \boldsymbol{B}$, $\boldsymbol{A} \circ_3 \boldsymbol{B}$:

$$\boldsymbol{A} \circ_1 \boldsymbol{B} = \boldsymbol{A} \cdot \boldsymbol{B}^{\mathrm{T}} \quad \text{(„Zeilen mal Zeilen")},$$

$$\boldsymbol{A} \circ_2 \boldsymbol{B} = \boldsymbol{A}^{\mathrm{T}} \cdot \boldsymbol{B}^{\mathrm{T}} \quad \text{(„Spalten mal Zeilen")},$$

$$\boldsymbol{A} \circ_3 \boldsymbol{B} = \boldsymbol{A}^{\mathrm{T}} \cdot \boldsymbol{B} \quad \text{(„Spalten mal Spalten")}.$$

   Es ist zu zeigen, daß für die Verknüpfungen $\circ_1$, $\circ_2$, $\circ_3$ das assoziative Gesetz nicht gilt.

7. Für den Spaltenvektor $\boldsymbol{w}$ gelte $\boldsymbol{w}^{\mathrm{T}} \cdot \boldsymbol{w} = 1$ ($\boldsymbol{w}$ heißt *normiert*); weiter sei $\boldsymbol{U} = \boldsymbol{E} - 2 \cdot \boldsymbol{w} \cdot \boldsymbol{w}^{\mathrm{T}}$. Man zeige: $\boldsymbol{U}^{\mathrm{T}} = \boldsymbol{U}$ ($\boldsymbol{U}$ ist daher eine *symmetrische* Matrix) und $\boldsymbol{U} \cdot \boldsymbol{U}^{\mathrm{T}} = \boldsymbol{U}^{\mathrm{T}} \cdot \boldsymbol{U} = \boldsymbol{E}$ (hiernach ist $\boldsymbol{U}$ eine *orthogonale* Matrix).

8. $\boldsymbol{A}$ heißt *Nullteiler*, wenn es ein $\boldsymbol{B}$ gibt, so daß $\boldsymbol{A} \cdot \boldsymbol{B} = \boldsymbol{O}$ gilt, obwohl $\boldsymbol{A} \neq \boldsymbol{O}$ und $\boldsymbol{B} \neq \boldsymbol{O}$ ($\boldsymbol{O}$ = Nullmatrix, d. h. alle Elemente gleich 0).

   a) Man zeige: Jede singuläre Matrix ($\neq \boldsymbol{O}$) ist Nullteiler.

   b) Kann für eine Matrix $\boldsymbol{A}$, die Nullteiler ist, die existierende Matrix $\boldsymbol{B}$ in $\boldsymbol{A} \cdot \boldsymbol{B} = \boldsymbol{O}$ regulär sein?
   (Auftretende Matrizen seien quadratisch.)

9. Berechne $\boldsymbol{A}^{-1}$ und mit $\boldsymbol{A}^{-1}$ die Lösung von $\boldsymbol{A} \cdot \boldsymbol{x} = \boldsymbol{a}$ für

$$\boldsymbol{a} = \begin{pmatrix} 0 \\ 1 \\ 0 \\ -1 \end{pmatrix}, \begin{pmatrix} 1 \\ 1 \\ 1 \\ 1 \end{pmatrix}, \begin{pmatrix} 2 \\ 1 \\ 0 \\ 1 \end{pmatrix}.$$

   a) $$\boldsymbol{A} = \begin{pmatrix} 1 & 1 & 2 & -4 \\ -1 & 3 & 4 & -8 \\ 0 & 2 & 3 & -6 \\ -2 & 0 & -1 & 2 \end{pmatrix},$$

   b) $$\boldsymbol{A} = \begin{pmatrix} 1 & 0 & 2 & 0 \\ -1 & 1 & 0 & 2 \\ 0 & -2 & 1 & 1 \\ 1 & 3 & 0 & 0 \end{pmatrix},$$

   c) $$\boldsymbol{A} = \begin{pmatrix} 2 & -3 & 5 & 6 \\ 8 & -12 & 19 & 22 \\ -4 & 5 & -8 & -10 \\ -2 & 4 & -5 & -3 \end{pmatrix}.$$

10. Es ist zu beweisen:

   a) Für reguläre Matrizen $\boldsymbol{A}$ und $\boldsymbol{B}$ gilt $(\boldsymbol{A} \cdot \boldsymbol{B})^{-1} = \boldsymbol{B}^{-1} \cdot \boldsymbol{A}^{-1}$,

   b) $\boldsymbol{A}$ ist genau dann regulär, wenn $\boldsymbol{A}^{\mathrm{T}}$ regulär ist, und für reguläres $\boldsymbol{A}$ gilt $(\boldsymbol{A}^{\mathrm{T}})^{-1} = (\boldsymbol{A}^{-1})^{\mathrm{T}}$.

11. Für

$$\boldsymbol{A} = \begin{pmatrix} 1 & -1 & 1 \\ 1 & 1 & -1 \\ -1 & 1 & 1 \end{pmatrix}, \quad \boldsymbol{B} = \begin{pmatrix} 1 & -4 & 2 \\ -3 & 10 & -6 \\ -1 & 2 & -1 \end{pmatrix}$$

sind $\boldsymbol{A}^{-1}$, $\boldsymbol{B}^{-1}$, $(\boldsymbol{A} \cdot \boldsymbol{B})^{-1}$, $(\boldsymbol{B} \cdot \boldsymbol{A})^{-1}$ zu bilden und $\boldsymbol{X}$ so zu bestimmen, daß $\boldsymbol{A} \cdot \boldsymbol{B} \cdot \boldsymbol{X} \cdot \boldsymbol{A}^{-1} = \boldsymbol{B}$ ist.

12. Mit

$$A = \begin{pmatrix} 1 & 0 & 2 & 0 \\ -1 & 1 & 0 & 2 \\ 0 & -2 & 1 & 1 \\ 1 & 3 & 0 & 0 \end{pmatrix}, \quad B = \begin{pmatrix} 2 & -3 & 5 & 6 \\ 8 & -12 & 19 & 22 \\ -4 & 5 & -8 & -10 \\ -2 & 4 & -5 & -3 \end{pmatrix},$$

$$C = \begin{pmatrix} 1 & -1 & 0 & 2 \\ 2 & -2 & -1 & 3 \\ -1 & 2 & 2 & -4 \\ 0 & 2 & 1 & -5 \end{pmatrix}$$

berechne man das Produkt $\boldsymbol{A} \cdot (\boldsymbol{B} \cdot \boldsymbol{A})^{-1} \cdot \boldsymbol{B}^2 \cdot \boldsymbol{C} \cdot (\boldsymbol{C} \cdot \boldsymbol{B} \cdot \boldsymbol{C})^{-1}$.

13. Es seien $\boldsymbol{A}$ und $\boldsymbol{B}$ zwei reguläre Matrizen, die miteinander *vertauschbar* sind, d. h., es gelte $\boldsymbol{A} \cdot \boldsymbol{B} = \boldsymbol{B} \cdot \boldsymbol{A}$. Man zeige, daß dann auch die Matrizen $\boldsymbol{A}^{-1}$ und $\boldsymbol{B}^{-1}$, $\boldsymbol{A}^{-1}$ und $\boldsymbol{B}$, $\boldsymbol{A}$ und $\boldsymbol{B}^{-1}$ jeweils miteinander vertauschbar sind.

14. Für die Matrix $\boldsymbol{S}$ gelte $\boldsymbol{S}^{\mathrm{T}} = -\boldsymbol{S}$ ($\boldsymbol{S}$ heißt *schiefsymmetrisch*); ferner sei $\boldsymbol{E} + \boldsymbol{S}$ regulär und $\boldsymbol{U} = (\boldsymbol{E} + \boldsymbol{S})^{-1} \cdot (\boldsymbol{E} - \boldsymbol{S})$. Man zeige: $\boldsymbol{U} \cdot \boldsymbol{U}^{\mathrm{T}} = \boldsymbol{U}^{\mathrm{T}} \cdot \boldsymbol{U} = \boldsymbol{E}$ (d. h., $\boldsymbol{U}$ ist orthogonal).

In den folgenden Aufgaben sei $\boldsymbol{e}_i$ der Spaltenvektor, dessen i-te Komponente gleich 1, aber alle übrigen Komponenten gleich 0 sind, und $\boldsymbol{E}_{ik}$ sei die quadratische Matrix, deren Element in der i-ten Zeile und k-ten Spalte gleich 1, aber alle übrigen Elemente gleich 0 sind $(i, k = 1(1)n)$. Ist

$$\boldsymbol{A} = \begin{pmatrix} a_{11} & a_{12} & \cdots & a_{1n} \\ \cdots & \cdots & \cdots & \cdots \\ a_{n1} & a_{n2} & \cdots & a_{nn} \end{pmatrix},$$

so ist auch

$$\begin{aligned} \boldsymbol{A} &= a_{11} \cdot \boldsymbol{E}_{11} + a_{12} \cdot \boldsymbol{E}_{12} + \cdots + a_{1n} \cdot \boldsymbol{E}_{1n} + \cdots \\ &\quad + a_{n1} \cdot \boldsymbol{E}_{n1} + a_{n2} \cdot \boldsymbol{E}_{n2} + \cdots + a_{nn} \cdot \boldsymbol{E}_{nn} \\ &= \sum_{r=1}^{n} \sum_{s=1}^{n} a_{rs} \cdot \boldsymbol{E}_{rs}. \end{aligned}$$

15. Beschreibe das Aussehen der Matrizen (nach Ausführung der Operationen!) $\boldsymbol{A} \cdot \boldsymbol{E}_{ik}$, $\boldsymbol{E}_{ik} \cdot \boldsymbol{A}$, $\boldsymbol{A} \cdot (\boldsymbol{E} + c \cdot \boldsymbol{E}_{ik})$, $(\boldsymbol{E} + c \cdot \boldsymbol{E}_{ik}) \cdot \boldsymbol{A}$.

16. Berechne $\boldsymbol{e}_i^{\mathrm{T}} \cdot \boldsymbol{e}_k$, $\boldsymbol{e}_i \cdot \boldsymbol{e}_k^{\mathrm{T}}$, $\boldsymbol{E}_{ik} \cdot \boldsymbol{e}_l$, $\boldsymbol{e}_k^{\mathrm{T}} \cdot \boldsymbol{E}_{lm}$, $\boldsymbol{E}_{ik} \cdot \boldsymbol{E}_{lm}$, $\boldsymbol{e}_k^{\mathrm{T}} \cdot \boldsymbol{A} \cdot \boldsymbol{e}_l$, $\boldsymbol{E}_{ik} \cdot \boldsymbol{A} \cdot \boldsymbol{E}_{lm}$.

17. Es sei

$$U = E_{21} + E_{32} + \cdots + E_{n,n-1},$$

$$V = \sum_{i>k}\sum v_{ik} \cdot E_{ik}, \quad W_r = \sum_{l>m+r}\sum w_{lm} \cdot E_{lm},$$

wobei r fest und $0 \leqq r \leqq n-2$ ist.
(U, V, W_r sind *untere Dreiecksmatrizen*, d. h., oberhalb der Hauptdiagonalen stehen Nullen; außerdem stehen in ihren Hauptdiagonalen Nullen, in W_r auch noch in den r ersten Parallelen unterhalb der Hauptdiagonalen.)

a) Berechne U^k für $k = 1, 2, \ldots$ (insbesondere U^{n-1})!
b) Berechne und beschreibe $V \cdot W_r$!
c) Beschreibe mittels b) V^k für $k = 1, 2, \ldots$.

18. Es sei V eine untere Dreiecksmatrix mit Nullen in der Hauptdiagonalen und D eine reguläre *Diagonalmatrix* (d. h., nur die Elemente der Hauptdiagonalen sind ungleich 0).

a) Man zeige: $(E - V)^{-1} = E + V + V^2 + \cdots + V^{n-1}$.
b) Welche Formel gilt für $(D - V)^{-1}$?

(Alle auftretenden Matrizen haben n Zeilen und n Spalten.)

III. Lineare Gleichungssysteme — allgemeiner Fall

1. Allgemeine Lösungen von (gestaffelten) Gleichungssystemen

Gegeben sei ein Gleichungssystem

$$\boldsymbol{A} \cdot \boldsymbol{x} = \boldsymbol{a}, \tag{1.1}$$

d. h., gegeben sei eine Matrix $\boldsymbol{A}$ von m Zeilen und n Spalten sowie ein Spaltenvektor $\boldsymbol{a}$ von m Zeilen. Unter der Aufgabe, das Gleichungssystem (1.1) zu lösen, versteht man folgendes: Es sind alle Vektoren $\boldsymbol{\xi}$ zu bestimmen, für die die Gleichung $\boldsymbol{A} \cdot \boldsymbol{\xi} = \boldsymbol{a}$ besteht. Die Gesamtheit aller dieser Vektoren $\boldsymbol{\xi}$ heißt *allgemeine Lösung*, jeder einzelne unter ihnen eine *spezielle Lösung* des Gleichungssystems (1.1). Bisher haben wir (in Satz (I. 7.2)) nur eine Aussage gemacht über Gleichungssysteme, deren allgemeine Lösung aus einer einzigen speziellen Lösung besteht. In diesem Abschnitt sollen Aussagen über die Struktur der allgemeinen Lösung gemacht werden, und gleichzeitig wird gezeigt, wie man die allgemeine Lösung von gestaffelten Gleichungssystemen bestimmt.

Man unterscheidet zwei Typen von Gleichungssystemen: Ist in (1.1) $\boldsymbol{a} = \boldsymbol{o}$, so heißt das Gleichungssystem *homogen*, im anderen Fall *inhomogen*. Zu jedem inhomogenen Gleichungssystem (1.1) gibt es das sogenannte *zugehörige homogene* Gleichungssystem, das entsteht, indem in (1.1) die rechte Seite $\boldsymbol{a}$ durch $\boldsymbol{o}$ ersetzt wird:

$$\boldsymbol{A} \cdot \boldsymbol{x} = \boldsymbol{o}. \tag{1.2}$$

Homogene Gleichungssysteme

Jedes homogene Gleichungssystem (1.2) besitzt die Lösung $\boldsymbol{x} = \boldsymbol{o}$, die sogenannte *triviale* Lösung, denn es ist $\boldsymbol{A} \cdot \boldsymbol{o} = \boldsymbol{o}$. Doch schon das zweite Beispiel auf Seite 9 zeigt, daß ein homogenes Gleichungssystem sehr wohl auch nichttriviale Lösungen besitzen kann.

(1.3) Satz. *Sind* $\boldsymbol{x} = \mathfrak{x}_1, \boldsymbol{x} = \mathfrak{x}_2, \ldots, \boldsymbol{x} = \mathfrak{x}_p$ *Lösungen von* (1.2), *so ist für beliebige Zahlen* $t_1, t_2, \ldots, t_p$ *auch*

$$\boldsymbol{x} = \mathfrak{x}_1 \cdot t_1 + \mathfrak{x}_2 \cdot t_2 + \cdots + \mathfrak{x}_p \cdot t_p$$

Lösung von (1.2).

Beweis. Vorausgesetzt wird im Satz die Gültigkeit der Gleichungen $\boldsymbol{A} \cdot \mathfrak{x}_1 = \boldsymbol{o}, \boldsymbol{A} \cdot \mathfrak{x}_2 = \boldsymbol{o}, \ldots, \boldsymbol{A} \cdot \mathfrak{x}_p = \boldsymbol{o}$. Dann gilt

$$\begin{aligned}\boldsymbol{A} \cdot (\mathfrak{x}_1 \cdot t_1 + \mathfrak{x}_2 \cdot t_2 + \cdots + \mathfrak{x}_p \cdot t_p) = \boldsymbol{A} \cdot \mathfrak{x}_1 \cdot t_1 + \boldsymbol{A} \cdot \mathfrak{x}_2 \cdot t_2 \\ + \cdots + \boldsymbol{A} \cdot \mathfrak{x}_p \cdot t_p = \boldsymbol{o},\end{aligned}$$

womit der Satz bewiesen ist.

Die Bestimmung der allgemeinen Lösung von gestaffelten homogenen Gleichungssystemen demonstrieren wir an dem Beispiel

(1.4)

x_1	x_2	x_3	x_4	x_5	x_6	x_7	$=$
1	−2	0	4	7	0	−5	0
	2	−1	−3	0	4	2	0
		−2	0	0	4	−6	0
			3	12	−6	3	0

Um eine Übersicht über sämtliche Lösungen dieses Systems zu gewinnen, schreiben wir es so:

x_1	x_2	x_3	x_4	$=$	x_5	x_6	x_7
1	−2	0	4		−7	0	5
	2	−1	−3		0	−4	−2
		−2	0		0	−4	6
			3		−12	6	−3

Hieran ist zu erkennen, daß durch Werte der Variablen x_5, x_6, x_7 für eine Lösung des Gleichungssystems die Werte der Variablen x_4, x_3, x_2, x_1 in dieser Reihenfolge eindeutig bestimmt sind. Wir setzen z. B.

$$\begin{pmatrix} x_5 \\ x_6 \\ x_7 \end{pmatrix} = \begin{pmatrix} 1 \\ 0 \\ 0 \end{pmatrix}$$

und erhalten die Lösung

$$\begin{pmatrix} x_1 \\ x_2 \\ x_3 \\ x_4 \\ x_5 \\ x_6 \\ x_7 \end{pmatrix} = \begin{pmatrix} -3 \\ -6 \\ 0 \\ -4 \\ 1 \\ 0 \\ 0 \end{pmatrix}.$$

Andererseits setzen wir

$$\begin{pmatrix} x_5 \\ x_6 \\ x_7 \end{pmatrix} = \begin{pmatrix} 0 \\ 1 \\ 0 \end{pmatrix} \quad \text{bzw.} \quad \begin{pmatrix} x_5 \\ x_6 \\ x_7 \end{pmatrix} = \begin{pmatrix} 0 \\ 0 \\ 1 \end{pmatrix}$$

und erhalten zwei weitere Lösungen

$$\begin{pmatrix} x_1 \\ x_2 \\ x_3 \\ x_4 \\ x_5 \\ x_6 \\ x_7 \end{pmatrix} = \begin{pmatrix} -4 \\ 2 \\ 2 \\ 2 \\ 0 \\ 1 \\ 0 \end{pmatrix}, \quad \begin{pmatrix} x_1 \\ x_2 \\ x_3 \\ x_4 \\ x_5 \\ x_6 \\ x_7 \end{pmatrix} = \begin{pmatrix} 1 \\ -4 \\ -3 \\ -1 \\ 0 \\ 0 \\ 1 \end{pmatrix}.$$

Aus diesen drei Lösungen lassen sich nach Satz (1.3) mit beliebigen Zahlen t_1, t_2, t_3 unendlich viele Lösungen

(1.5)
$$\begin{pmatrix} x_1 \\ x_2 \\ x_3 \\ x_4 \\ x_5 \\ x_6 \\ x_7 \end{pmatrix} = \begin{pmatrix} -3 \\ -6 \\ 0 \\ -4 \\ 1 \\ 0 \\ 0 \end{pmatrix} \cdot t_1 + \begin{pmatrix} -4 \\ 2 \\ 2 \\ 2 \\ 0 \\ 1 \\ 0 \end{pmatrix} \cdot t_2 + \begin{pmatrix} 1 \\ -4 \\ -3 \\ -1 \\ 0 \\ 0 \\ 1 \end{pmatrix} \cdot t_3$$

bilden. Schreibt man (1.5) in der Form

$$\begin{pmatrix} x_1 \\ x_2 \\ x_3 \\ x_4 \\ x_5 \\ x_6 \\ x_7 \end{pmatrix} = \begin{pmatrix} -3t_1 - 4t_2 + t_3 \\ -6t_1 + 2t_2 - 4t_3 \\ 2t_2 - 3t_3 \\ -4t_1 + 2t_2 - t_3 \\ t_1 \\ t_2 \\ t_3 \end{pmatrix}.$$

so ist ersichtlich, daß durch (1.5) Lösungen des Gleichungssystems (1.4) beschrieben werden, in denen die Variablen x_5, x_6, x_7 beliebige Werte haben. Durch jede Wertekombination dieser Variablen ist aber eine Lösung von (1.4), wie oben festgestellt wurde, eindeutig bestimmt; es kann daher keine weiteren Lösungen als die durch (1.5) beschriebenen geben, d. h., (1.5) ist die allgemeine Lösung von (1.4).

Das Vorgehen bei diesem Beispiel läßt sich sofort auf den allgemeinen Fall übertragen: Gegeben sei ein homogenes gestaffeltes Gleichungssystem

(1.6)

x_1	x_2	$\dots$	x_r	x_{r+1}	$\dots$	x_n	$=$
b_{11}	b_{12}	$\dots$	b_{1r}	$b_{1,r+1}$	$\dots$	b_{1n}	0
	b_{22}	$\dots$	b_{2r}	$b_{2,r+1}$	$\dots$	b_{2n}	0
$\cdots$	$\cdots$	$\cdots$	$\cdots$	$\cdots$	$\cdots$	$\cdots$	.
			b_{rr}	$b_{r,r+1}$	$\dots$	b_{rn}	0

von r Gleichungen mit n Variablen. (Vorausgesetzt ist natürlich $b_{ii} \neq 0$ für $i = 1(1)r$.) Denkt man sich für einen Augenblick die Gleichungen so umgestellt, daß auf der linken Seite nur die Variablen $x_1, \dots, x_r$ auftreten, dann ist ersichtlich, daß durch Werte der Variablen $x_{r+1}, \dots, x_n$ für eine Lösung des Gleichungssystems die Werte der Variablen $x_r, \dots, x_1$ in dieser Reihenfolge eindeutig bestimmt sind.

(1.7) Man setze für

$$\begin{pmatrix} x_{r+1} \\ x_{r+2} \\ \vdots \\ x_n \end{pmatrix}$$

der Reihe nach die Spalten der Einheitsmatrix

$$\begin{pmatrix} 1 & 0 & \dots & 0 \\ 0 & 1 & \dots & 0 \\ \dots & \dots & \dots & \dots \\ 0 & 0 & \dots & 1 \end{pmatrix}$$

mit $n - r$ Zeilen und Spalten ein und bestimme die zugehörigen Lösungen

$$\mathfrak{x} = \mathfrak{z}_1, \quad \mathfrak{x} = \mathfrak{z}_2, \dots, \mathfrak{x} = \mathfrak{z}_{n-r}.$$

Ebenfalls Lösung ist dann nach Satz (1.3)

(1.8) $$\mathfrak{x} = \mathfrak{z}_1 \cdot t_1 + \mathfrak{z}_2 \cdot t_2 + \dots + \mathfrak{z}_{n-r} \cdot t_{n-r}$$
$$(t_i \; (i = 1(1)n - r) \text{ beliebig}),$$

d. h.

$$\begin{pmatrix} x_1 \\ \vdots \\ x_r \\ x_{r+1} \\ x_{r+2} \\ \vdots \\ x_n \end{pmatrix} = \begin{pmatrix} \cdot \\ \cdot \\ \cdot \\ t_1 \\ t_2 \\ \vdots \\ t_{n-r} \end{pmatrix}.$$

(die ersten r Komponenten rechts: diese Werte interessieren im Augenblick nicht)

Diese zweite Schreibweise macht deutlich, daß durch (1.8) Lösungen beschrieben werden, in denen die Variablen $x_{r+1}, \dots, x_n$ beliebige Werte haben. Daher ist (1.8) die allgemeine Lösung von (1.6). Wie nämlich oben bemerkt wurde, ist durch Werte der Variablen $x_{r+1}, \dots, x_n$ eine Lösung eindeutig bestimmt, und eine beliebig vorgegebene Lösung von (1.6) erhält man somit aus (1.8), wenn man für $t_1, \dots, t_{n-r}$ die Werte der Variablen $x_{r+1}, \dots, x_n$ dieser Lösung wählt.

In der Darstellung (1.8) für die allgemeine Lösung kann kein Vektor $\mathfrak{z}_k$ weggelassen werden, da man sonst nur diejenigen Lösungen erhielte, in denen die Variable x_{r+k} den Wert 0 hat. Von den nach (1.7) bestimmten Lösungen ist darum jede wesentlich. Die Ergebnisse dieser Überlegungen sind zusammengefaßt in dem folgenden Satz.

(1.9) Satz. *Ein gestaffeltes homogenes Gleichungssystem von r Gleichungen mit n Variablen, wobei $n > r$ ist, besitzt $n - r$ wesentliche Lösungen*

$$\boldsymbol{x} = \mathfrak{x}_1, \boldsymbol{x} = \mathfrak{x}_2, \ldots, \boldsymbol{x} = \mathfrak{x}_{n-r},$$

die nach Vorschrift (1.7) *bestimmt werden. Die allgemeine Lösung des Gleichungssystems ist gegeben durch*

$$\boldsymbol{x} = \mathfrak{x}_1 \cdot t_1 + \mathfrak{x}_2 \cdot t_2 + \cdots + \mathfrak{x}_{n-r} \cdot t_{n-r}$$

(t_i ($i = 1(1)n - r$) beliebig).

Inhomogene Gleichungssysteme

(1.10) Satz. *Besitzt das inhomogene Gleichungssystem* (1.1) *eine spezielle Lösung $\boldsymbol{x} = \mathfrak{x}_0$ und ist durch $\boldsymbol{x} = \mathfrak{x}_H$ die allgemeine Lösung des zugehörigen homogenen Systems* (1.2) *beschrieben, so ist*

$$\boldsymbol{x} = \mathfrak{x}_0 + \mathfrak{x}_H$$

die allgemeine Lösung von (1.1).

Beweis. Vorausgesetzt wird im Satz die Gültigkeit der Gleichungen $\boldsymbol{A} \cdot \mathfrak{x}_0 = \boldsymbol{a}$ und $\boldsymbol{A} \cdot \mathfrak{x}_H = \boldsymbol{o}$. Zu beweisen ist einerseits, daß $\boldsymbol{x} = \mathfrak{x}_0 + \mathfrak{x}_H$ Lösung von (1.1) ist. Dies folgt sofort aus

$$\boldsymbol{A} \cdot (\mathfrak{x}_0 + \mathfrak{x}_H) = \boldsymbol{A} \cdot \mathfrak{x}_0 + \boldsymbol{A} \cdot \mathfrak{x}_H = \boldsymbol{a} + \boldsymbol{o} = \boldsymbol{a}.$$

Andererseits ist zu beweisen, daß durch $\boldsymbol{x} = \mathfrak{x}_0 + \mathfrak{x}_H$ sämtliche Lösungen von (1.1) beschrieben sind. Ist aber $\boldsymbol{x} = \mathfrak{x}$ irgendeine Lösung von (1.1), d. h. $\boldsymbol{A} \cdot \mathfrak{x} = \boldsymbol{a}$, so gilt

$$\boldsymbol{A} \cdot (\mathfrak{x} - \mathfrak{x}_0) = \boldsymbol{A} \cdot \mathfrak{x} - \boldsymbol{A} \cdot \mathfrak{x}_0 = \boldsymbol{a} - \boldsymbol{a} = \boldsymbol{o}.$$

Demnach ist $\boldsymbol{x} = \mathfrak{x} - \mathfrak{x}_0$ eine Lösung des zu (1.1) gehörigen homogenen Systems (1.2). In der Form $\boldsymbol{x} = \mathfrak{x}_0 + (\mathfrak{x} - \mathfrak{x}_0)$ ist daher die Lösung $\boldsymbol{x} = \mathfrak{x}$ in den Lösungen $\boldsymbol{x} = \mathfrak{x}_0 + \mathfrak{x}_H$ enthalten, womit der Satz bewiesen ist.

Im Satz (1.10) wird keine Aussage darüber gemacht, in welchen Fällen ein inhomogenes Gleichungssystem überhaupt eine Lösung besitzt; ein Verfahren zur Entscheidung hierüber wird im nächsten Abschnitt angegeben. Bei gestaffelten Gleichungssystemen erübrigt sich diese Frage allerdings, denn es ist sofort zu sehen, daß diese Systeme stets eine Lösung besitzen. Wir betrachten das Beispiel

(1.11)

x_1	x_2	x_3	x_4	x_5	x_6	x_7	=
1	−2	0	4	7	0	−5	11
	2	−1	−3	0	4	2	−5
		−2	0	0	4	−6	6
			3	12	−6	3	12

Eine spezielle Lösung dieses Systems gewinnt man z. B. so: Man gebe den Variablen x_5, x_6, x_7 den Wert 0; für eine Lösung des Gleichungssystems sind dann die Werte der Variablen $x_4, \ldots, x_1$ in dieser Reihenfolge eindeutig bestimmt. Damit gewinnt man die spezielle Lösung

$$\begin{pmatrix} x_1 \\ x_2 \\ x_3 \\ x_4 \\ x_5 \\ x_6 \\ x_7 \end{pmatrix} = \begin{pmatrix} -1 \\ 2 \\ -3 \\ 4 \\ 0 \\ 0 \\ 0 \end{pmatrix}$$

von (1.11). Das zu (1.11) gehörige homogene Gleichungssystem ist (1.4), dessen allgemeine Lösung durch (1.5) gegeben ist. Nach Satz (1.10) erhalten wir daher das Resultat: Die allgemeine Lösung von (1.11) ist

$$\begin{pmatrix} x_1 \\ x_2 \\ x_3 \\ x_4 \\ x_5 \\ x_6 \\ x_7 \end{pmatrix} = \begin{pmatrix} -1 \\ 2 \\ -3 \\ 4 \\ 0 \\ 0 \\ 0 \end{pmatrix} + \begin{pmatrix} -3 \\ -6 \\ 0 \\ -4 \\ 1 \\ 0 \\ 0 \end{pmatrix} \cdot t_1 + \begin{pmatrix} -4 \\ 2 \\ 2 \\ 2 \\ 0 \\ 1 \\ 0 \end{pmatrix} \cdot t_2 + \begin{pmatrix} 1 \\ -4 \\ -3 \\ -1 \\ 0 \\ 0 \\ 1 \end{pmatrix} \cdot t_3$$

(t_i ($i = 1(1)3$) beliebig).

Im allgemeinen Fall eines inhomogenen gestaffelten Gleichungssystems

$$(1.12)\qquad \begin{array}{ccccccc|c}
x_1 & x_2 & \dots & x_r & x_{r+1} & \dots & x_n & = \\
\hline
b_{11} & b_{12} & \dots & b_{1r} & b_{1,r+1} & \dots & b_{1n} & b_1 \\
 & b_{22} & \dots & b_{2r} & b_{2,r+1} & \dots & b_{2n} & b_2 \\
\dots & \dots & \dots & \dots & \dots & \dots & \dots & \cdot \\
 & & & b_{rr} & b_{r,r+1} & \dots & b_{rn} & b_r
\end{array}$$

von r Gleichungen mit n Variablen (wobei natürlich $b_{ii} \neq 0$ für $i = 1(1)r$ vorausgesetzt ist) läßt sich eine spezielle Lösung $\boldsymbol{x} = \mathfrak{x}_0$ dadurch bestimmen, daß man die $(r + 1)$-te bis n-te Komponente von $\mathfrak{x}_0$ gleich 0 wählt und sodann die r-te bis erste Komponente (in dieser Reihenfolge) bestimmt. Über die allgemeine Lösung des zu (1.12) gehörigen homogenen Systems (1.6) gibt Satz (1.9) Auskunft, und nach Satz (1.10) ist damit

$$\boldsymbol{x} = \mathfrak{x}_0 + \mathfrak{x}_1 \cdot t_1 + \mathfrak{x}_2 \cdot t_2 + \dots + \mathfrak{x}_{n-r} \cdot t_{n-r}$$
$$(t_i \ (i = 1(1)n - r) \text{ beliebig})$$

die allgemeine Lösung des Gleichungssystems (1.12).

Die Rechnungen zur Bestimmung der speziellen Lösungen $\boldsymbol{x} = \mathfrak{x}_0$ eines inhomogenen bzw. $\boldsymbol{x} = \mathfrak{x}_i$ $(i = 1(1)n - r)$ des zugehörigen homogenen gestaffelten Gleichungssystems lassen sich übersichtlich in einem Rechenschema anordnen, das Tabelle 13 zeigt. Benötigt wird die Rechenvorschrift

Bilden der $\mathfrak{x}$-Spalten:

a) Man setze

für die $(r + 1)$-te bis n-te Komponente von $\mathfrak{x}_0$ die Spalte $\boldsymbol{o}$, für die $(r + 1)$-te bis n-te Komponente von $\mathfrak{x}_j$ die j-te Spalte der Einheitsmatrix von $n - r$ Zeilen $(j = 1(1)n - r)$, und zur formalen Rechnung

die $(n + 1)$-te Komponente von $\mathfrak{x}_0$ gleich -1,
die $(n + 1)$-te Komponente von $\mathfrak{x}_j$ gleich 0 $(j = 1(1)n - r)$.

Tabelle 13

x_1	x_2	...	x_r	x_{r+1}	...	x_n	$=$	ξ_0	ξ_1	ξ_2	...	ξ_{n-r}
b_{11}	b_{12}	...	b_{1r}	$b_{1,r+1}$	...	b_{1n}	b_1					
	b_{22}	...	b_{2r}	$b_{2,r+1}$	...	b_{2n}	b_2					
	. . .	. . .	. . .	. . .	. . .	. . .	.					
			b_{rr}	$b_{r,r+1}$	...	b_{rn}	b_r					
								0	1	0	...	0
								0	0	1	...	0
								.	.	.	...	.
								0	0	0	...	1
								-1	0	0	...	0

b) Für $j = 0(1)n - r$ rechne man nach der Vorschrift:

i-te Komponente von $\xi_j :=$ (skalares Produkt$_{i+1,n+1}$ der i-ten b-Zeile und $\xi_j)/-b_{ii}$

$(i = r(-1)1)$.

Durch b) ergeben sich spaltenweise die in Tabelle 13 noch fehlenden Komponenten der gesuchten Lösungen.

2. Beliebige Gleichungssysteme

Zur Bestimmung der allgemeinen Lösung eines beliebigen Gleichungssystems (1.1) oder (I. 7.1) fehlt uns jetzt nur noch ein stets anwendbares Verfahren zur Überführung dieses Systems in ein äquivalentes gestaffeltes. Dazu müssen die Rechenvorschriften des verketteten Algorithmus für den Fall, daß $b_{jj} = 0$ eintritt, vervollständigt werden. Im oberen Teil von Tabelle 14 stehen zwei Beispiele (die sich nur in der Komponente a_3 unterscheiden), an denen die in einem solchen Fall möglichen Situationen aufgezeigt werden sollen.

Beginnt man die Umformung nach dem verketteten Algorithmus, so ergibt sich die Situation von Tabelle 14; wegen $b_{33} = 0$

Tabelle 14

x_1	x_2	x_3	x_4	x_5	x_6	$x_7 =$	
1	−2	7	4	0	0	−5	11
2	−2	14	5	−1	4	−8	17
1	−4	7	7	1	−4	−7	17 bzw. 16
0	−10	0	15	3	−16	−16	31
−1	6	5	−7	−2	2	12	−9
−3	6	27	0	−4	−16	15	27
1	−2	7	4	0	0	−5	11
−2	2	0	−3	−1	4	2	−5
−1	1	0	0	0	0	0	1 bzw. 0
0	5						
1	−2						
3	0						

kann die Rechnung zunächst nicht fortgeführt werden. Bis zu dieser Stelle ist aus dem System der drei ersten Gleichungen von Tabelle 14 ein äquivalentes (gestaffeltes) System von drei neuen Gleichungen entstanden, dessen Form für die beiden Beispiele unterschiedliche Auswirkungen hat. Das Beispiel mit $a_3 = 17$ besitzt keine Lösung, da ein äquivalentes System die unerfüllbare Gleichung

$$0x_1 + 0x_2 + 0x_3 + 0x_4 + 0x_5 + 0x_6 + 0x_7 = 1$$

enthält. Für das Beispiel mit $a_3 = 16$ hat sich als dritte eine Gleichung ergeben, die für beliebige Werte der Variablen $x_1, \ldots, x_7$ erfüllt ist. Nach der begonnenen systematischen Elimination der Variablen hat sich damit gezeigt, daß die dritte Gleichung von Tabelle 14 mit $a_3 = 16$ gegenüber den vorhergehenden Gleichungen gar keine neuen Bedingungen mehr stellt. Sind die vorhergehenden Gleichungen erfüllt, so ist sie automatisch ebenfalls erfüllt und wird daher als überflüssige Gleichung aus dem System gestrichen. Das Schema wird mit der Berechnung einer neuen dritten Zeile fortgeführt, und der untere Teil gewinnt die Gestalt von Tabelle 15.

Tabelle 15

1	−2	7	4	0	0	−5	11
−2	2	0	−3	−1	4	2	−5
~~1~~	~~1~~	~~0~~	~~0~~	~~0~~	~~0~~	~~0~~	~~0~~
0	5	0	0	−2	4	−6	6
1	−2						
3	0						

Abermals hat sich $b_{33} = 0$ ergeben. Doch die Umformung des Systems kann fortgeführt werden, wenn als nächstes nicht die Variable x_3, sondern z. B. x_5 aus den folgenden Gleichungen eliminiert wird. Zur übersichtlichen Fortsetzung der Rechnung (s. Tabelle 16) vertauschen wir daher die dritte und fünfte Spalte; an der Kopfzeile des Schemas ist diese Vertauschung ersichtlich, denn sie hat ihre Bedeutung bei der späteren Angabe der Lösungen. (Die gestrichene überflüssige Gleichung kann natürlich jetzt wegbleiben.) Tabelle 16 zeigt, daß die letzte Gleichung ebenfalls als überflüssige Gleichung gestrichen werden kann. (Für den schematischen Ablauf der Rechnung weist das Beispiel an dieser Stelle darauf hin, daß nicht grundsätzlich nach dem Streichen der j-ten Zeile eine neue j-te Zeile berechnet wird, denn es kann inzwischen

Tabelle 16

x_1	x_2	x_5	x_4	x_3	x_6	$x_7 =$	
1	−2	0	4	7	0	−5	11
2	−2	−1	5	14	4	−8	17
0	−10	3	15	0	−16	−16	31
−1	6	−2	−7	5	2	12	−9
−3	6	-4	0	27	−16	15	27
1	−2	0	4	7	0	−5	11
−2	2	−1	−3	0	4	2	−5
0	5	−2	0	0	4	−6	6
1	−2	0	3	12	−6	3	12
3	0	−2	−4	0	0	0	0

das Ende der Umformung erreicht worden sein.) Damit ist ein äquivalentes gestaffeltes System gewonnen, und die Bestimmung der allgemeinen Lösung kann wie für Beispiel (1.11) vorgenommen werden. Gegenüber dort sind hier nur die Variablen x_3 und x_5 vertauscht, so daß die entsprechenden Komponenten in den Lösungsvektoren vertauscht werden müssen. Die allgemeine Lösung des Beispiels von Tabelle 14 mit $a_3 = 16$ ist darum

$$\begin{pmatrix} x_1 \\ x_2 \\ x_3 \\ x_4 \\ x_5 \\ x_6 \\ x_7 \end{pmatrix} = \begin{pmatrix} -1 \\ 2 \\ 0 \\ 4 \\ -3 \\ 0 \\ 0 \end{pmatrix} + \begin{pmatrix} -3 \\ -6 \\ 1 \\ -4 \\ 0 \\ 0 \\ 0 \end{pmatrix} \cdot t_1 + \begin{pmatrix} -4 \\ 2 \\ 0 \\ 2 \\ 2 \\ 1 \\ 0 \end{pmatrix} \cdot t_2 + \begin{pmatrix} 1 \\ -4 \\ 0 \\ -1 \\ -3 \\ 0 \\ 1 \end{pmatrix} \cdot t_3$$

$(t_i \; (i = 1(1)3)$ beliebig).

Diese Beispiele haben auch die Punkte gezeigt, in denen das vorläufige Flußbild zum verketteten Algorithmus in Abb. 6 abgeändert werden muß, um für den allgemeinen Fall anwendbar zu sein:

1. Einführung einer Variablen r, deren Wert die Anzahl der Gleichungen angibt, die ein äquivalentes gestaffeltes System enthält. Zunächst ist (vermutlich) $r = m$, doch erniedrigt sich r jeweils um 1, wenn eine überflüssige Gleichung gestrichen wird.

2. Ergibt sich nach dem Bilden der j-ten b-Zeile $b_{jj} = 0$, so entsteht die Frage: Enthält die linke Seite der neuen j-ten Gleichung einen Koeffizienten ungleich Null? Wenn ja, so kann die Rechnung

---

*) Im Fall $j > n$ (für $m > n$ möglich) sind die Fragen $b_{jj} \neq 0$ und $b_{jp} \neq 0$ mit „nein" zu beantworten, und das Bilden einer neuen j-ten b-Zeile beschränkt sich auf die Spalte der rechten Seiten.

**) Die erste Zeile des Schemas gibt an, wie die Komponenten der Lösungsvektoren des Ausgangssystems anzuordnen sind.

Abb. 9. Flußbild zum verketteten Algorithmus

Gegeben ist ein System (1.1) mit $a_{11} \neq 0$:

$x^T =$	
A	a

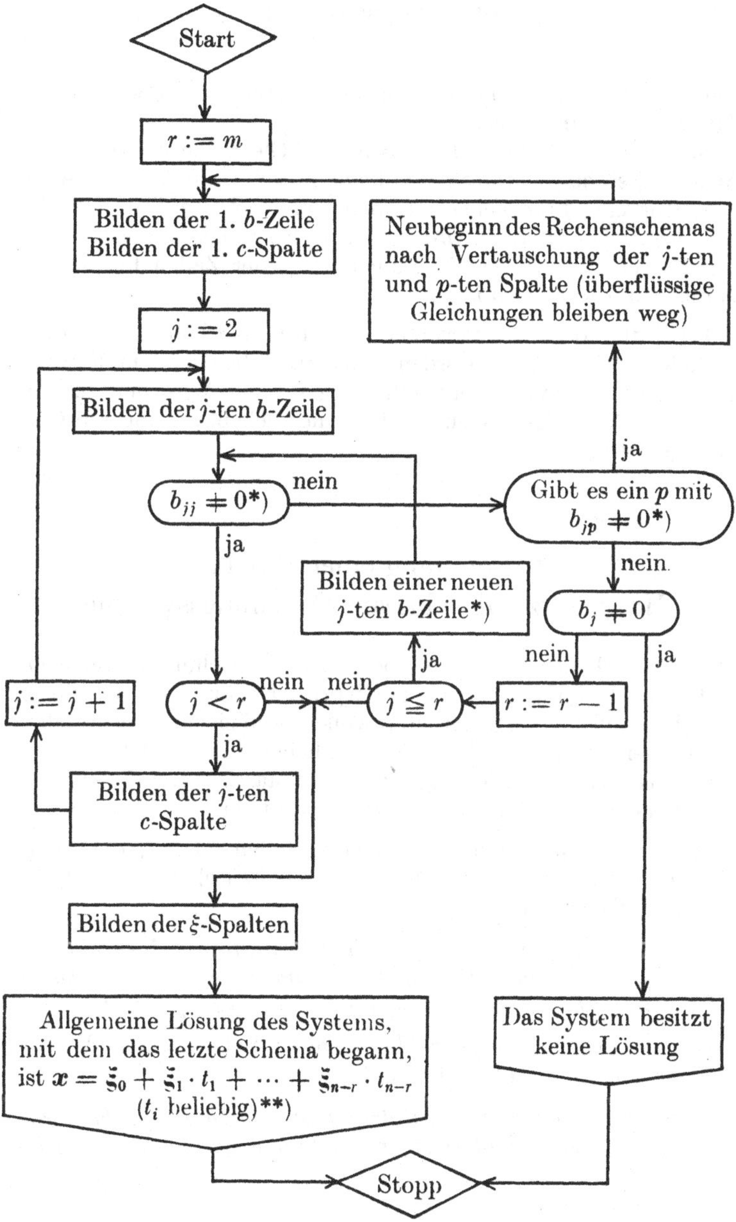

Start
r := m
Bilden der 1. b-Zeile
Bilden der 1. c-Spalte
j := 2
Bilden der j-ten b-Zeile
b_jj ≠ 0*)
nein
ja
Neubeginn des Rechenschemas nach Vertauschung der j-ten und p-ten Spalte (überflüssige Gleichungen bleiben weg)
ja
Gibt es ein p mit b_jp ≠ 0*)
nein
b_j ≠ 0
nein
ja
Bilden einer neuen j-ten b-Zeile*)
ja
j := j + 1
j < r
nein
nein
j ≦ r
r := r − 1
ja
Bilden der j-ten c-Spalte
Bilden der ξ-Spalten
Allgemeine Lösung des Systems, mit dem das letzte Schema begann, ist x = ξ_0 + ξ_1 · t_1 + ⋯ + ξ_{n−r} · t_{n−r} (t_i beliebig)**)
Das System besitzt keine Lösung
Stopp

nach Vertauschen von Spalten weitergeführt werden. Andernfalls entsteht die Frage:

3. Ist die rechte Seite der neuen j-ten Gleichung ungleich Null? Wenn ja, so besitzt das System keine Lösung. Andernfalls werden die bisherigen j-ten Zeilen im oberen und unteren Teil des Schemas gestrichen, und es wird, wenn noch $j \leqq r$ ist, eine neue j-te b-Zeile gebildet, wobei die Numerierung der Zeilen formal entsprechend abzuändern ist.

Im Flußbild zum verketteten Algorithmus (Abb. 9) sind diese Punkte berücksichtigt worden, und wir haben in dem Flußbild eine abschließende Zusammenfassung für das Vorgehen zur Bestimmung der allgemeinen Lösung eines beliebigen linearen Gleichungssystems.

3. Der Rang einer Matrix, Hauptsätze über lineare Gleichungssysteme

Die besprochenen Aussagen über lineare Gleichungssysteme gestatten nach Einführung weiterer Begriffe Ergänzungen, von denen wir abschließend einige herleiten wollen, weil sie eine abgerundete Zusammenfassung der Theorie ermöglichen. Zunächst tragen wir zwei Sätze nach, die die Regularität von Matrizen mit der Lösbarkeit homogener Gleichungssysteme verknüpfen.

Werden in einer Matrix $\boldsymbol{A}$ gewisse Zeilen oder Spalten weggelassen (evtl. auch keine Zeile bzw. keine Spalte), so entsteht eine Untermatrix von $\boldsymbol{A}$.

(3.1) Satz. *Für jede Matrix $\boldsymbol{A}$ mit k Spalten gilt: $\boldsymbol{A}$ enthält eine k-reihige reguläre Untermatrix genau dann, wenn das homogene System $\boldsymbol{A} \cdot \boldsymbol{x} = \boldsymbol{o}$ nur die triviale Lösung besitzt.*

Hieraus ergibt sich sofort der folgende Satz, der eine Vereinfachung von Satz (II.2.4) darstellt.

(3.2) Satz. *Die quadratische Matrix $\boldsymbol{A}$ ist genau dann regulär, wenn das homogene System $\boldsymbol{A} \cdot \boldsymbol{x} = \boldsymbol{o}$ nur die triviale Lösung besitzt.*

Beweis von Satz (3.1). Das homogene System $\boldsymbol{A} \cdot \boldsymbol{x} = \boldsymbol{o}$ besitzt genau dann nur die triviale Lösung, wenn der verkettete Algorithmus zu einem äquivalenten gestaffelten System führt, das k Gleichungen (mit k Variablen) enthält; d. h., in $\boldsymbol{A}$ gibt es k Zeilen, aus denen sich — unabhängig von den übrigen Zeilen — die k Zeilen der gestaffelten Matrix ergeben. Diese k Zeilen bilden eine reguläre Untermatrix von $\boldsymbol{A}$.

Aus Spaltenvektoren $\boldsymbol{a}_1, \boldsymbol{a}_2, \ldots, \boldsymbol{a}_k$ oder Zeilenvektoren $\boldsymbol{z}_1^{\mathrm{T}}, \boldsymbol{z}_2^{\mathrm{T}}, \ldots, \boldsymbol{z}_m^{\mathrm{T}}$ kann man mit Zahlen $t_1, t_2, \ldots, t_k$ bzw. $s_1, s_2, \ldots, s_m$ wiederum Spaltenvektoren

$$\boldsymbol{a}_1 \cdot t_1 + \boldsymbol{a}_2 \cdot t_2 + \cdots + \boldsymbol{a}_k \cdot t_k$$

bzw. Zeilenvektoren

$$\boldsymbol{z}_1^{\mathrm{T}} \cdot s_1 + \boldsymbol{z}_2^{\mathrm{T}} \cdot s_2 + \cdots + \boldsymbol{z}_m^{\mathrm{T}} \cdot s_m$$

bilden; jeder so gebildete Vektor heißt *Linearkombination* der $\boldsymbol{a}_i$ bzw. $\boldsymbol{z}_j^{\mathrm{T}}$. So gilt z. B. mit

$$\boldsymbol{u}^{\mathrm{T}} = (2, \;\; 3, \;\; -1, \;\; 0, \;\; 20), \quad \boldsymbol{v}^{\mathrm{T}} = (-6, \;\; -5, \;\; 0, \;\; 2, \;\; -45),$$
$$\boldsymbol{w}^{\mathrm{T}} = (0, \;\; 4, \;\; -3, \;\; 2, \;\; 15)$$

die Gleichung $\boldsymbol{u}^{\mathrm{T}} \cdot 3 + \boldsymbol{v}^{\mathrm{T}} \cdot 1 = \boldsymbol{w}^{\mathrm{T}}$, und daher ist $\boldsymbol{w}^{\mathrm{T}}$ eine Linearkombination von $\boldsymbol{u}^{\mathrm{T}}$ und $\boldsymbol{v}^{\mathrm{T}}$ (vgl. S. 44). Natürlich gilt ebenfalls $\boldsymbol{u} \cdot 3 + \boldsymbol{v} \cdot 1 = \boldsymbol{w}$, und darum ist auch $\boldsymbol{w}$ eine Linearkombination von $\boldsymbol{u}$ und $\boldsymbol{v}$. Ein weiteres Beispiel liefert Satz (1.9), der besagt, daß jede Lösung $\boldsymbol{x}$ eines gestaffelten homogenen Gleichungssystems eine Linearkombination der $n - r$ Lösungsvektoren $\boldsymbol{\xi}_1, \boldsymbol{\xi}_2, \ldots, \boldsymbol{\xi}_{n-r}$ ist:

$$\boldsymbol{x} = \boldsymbol{\xi}_1 \cdot t_1 + \boldsymbol{\xi}_2 \cdot t_2 + \cdots + \boldsymbol{\xi}_{n-r} \cdot t_{n-r}.$$

(3.3) Definition. Spaltenvektoren $\boldsymbol{a}_1, \boldsymbol{a}_2, \ldots, \boldsymbol{a}_k$ heißen *linear unabhängig* genau dann, wenn die Gleichung

$$\boldsymbol{a}_1 \cdot t_1 + \boldsymbol{a}_2 \cdot t_2 + \cdots + \boldsymbol{a}_k \cdot t_k = \boldsymbol{o}$$

nur für $t_1 = t_2 = \cdots = t_k = 0$ besteht; im anderen Fall heißen sie *linear abhängig*. Zeilenvektoren $\boldsymbol{z}_1^{\mathrm{T}}, \boldsymbol{z}_2^{\mathrm{T}}, \ldots, \boldsymbol{z}_m^{\mathrm{T}}$ heißen linear unabhängig genau dann, wenn die Spaltenvektoren $\boldsymbol{z}_1, \boldsymbol{z}_2, \ldots, \boldsymbol{z}_m$ linear unabhängig sind, d. h., wenn die Gleichung

$$z_1^{\mathrm{T}} \cdot s_1 + z_2^{\mathrm{T}} \cdot s_2 + \cdots + z_m^{\mathrm{T}} \cdot s_m = o^{\mathrm{T}}$$

nur für $s_1 = s_2 = \cdots = s_m = 0$ besteht.

Beispielsweise sind die wesentlichen Lösungsvektoren $\xi_1, \xi_2, \ldots, \xi_{n-r}$ eines gestaffelten homogenen Gleichungssystems linear unabhängig; an der ausführlichen Schreibweise von (1.8) ist nämlich zu erkennen, daß die Linearkombination

$$\xi_1 \cdot t_1 + \xi_2 \cdot t_2 + \cdots + \xi_{n-r} \cdot t_{n-r}$$

nur dann gleich dem Nullvektor $\boldsymbol{o}$ ist, wenn man $t_1 = t_2 = \cdots = t_{n-r} = 0$ wählt. Dagegen sind die eben erwähnten Vektoren $\boldsymbol{u}, \boldsymbol{v}, \boldsymbol{w}$ linear abhängig, denn es ist $\boldsymbol{u} \cdot 3 + \boldsymbol{v} - \boldsymbol{w} = \boldsymbol{o}$, und demnach besteht die Gleichung $\boldsymbol{u} \cdot t_1 + \boldsymbol{v} \cdot t_2 + \boldsymbol{w} \cdot t_3 = \boldsymbol{o}$ für $t_1 = 3$, $t_2 = 1$, $t_3 = -1$.

Besonders wichtig ist in diesem Zusammenhang die Untersuchung der linearen Unabhängigkeit zwischen Spalten einer Matrix $\boldsymbol{A}$. Nun ist die linke Seite $\boldsymbol{A} \cdot \boldsymbol{x}$ eines Gleichungssystems mit der Koeffizientenmatrix $\boldsymbol{A}$ nichts anderes als eine Linearkombination der Spalten von $\boldsymbol{A}$ (vgl. (II. 1.1)), und daher gilt die folgende Aussage.

(3.4) Bemerkung. Die Spalten einer Matrix $\boldsymbol{A}$ sind linear unabhängig genau dann, wenn das homogene System $\boldsymbol{A} \cdot \boldsymbol{x} = \boldsymbol{o}$ nur die triviale Lösung hat.

Hiernach können die Begriffe „Lineare Unabhängigkeit“ und „Regularität“ wie folgt in Zusammenhang gebracht werden:

(3.5) Satz. *Die Matrix $\boldsymbol{B}$ habe k Spalten. Diese Spalten sind linear abhängig genau dann, wenn $\boldsymbol{B}$ eine k-reihige reguläre Untermatrix enthält.*

Beweis. Die Spalten von $\boldsymbol{B}$ sind nach (3.4) genau dann linear unabhängig, wenn $\boldsymbol{B} \cdot \boldsymbol{x} = \boldsymbol{o}$ nur die triviale Lösung hat, was nach Satz (3.1) genau dann der Fall ist, wenn $\boldsymbol{B}$ eine k-reihige reguläre Untermatrix enthält.

Mit dem folgenden Satz werden wir schließlich den *Rang* einer Matrix $\boldsymbol{A}$, und zwar sofort durch mehrere gleichwertige Bedingungen einführen. Dabei folgt die Äquivalenz der Aussagen a) und b) unmittelbar, wenn man Satz (3.5) auf Untermatrizen $\boldsymbol{B}$ von $\boldsymbol{A}$ anwendet.

(3.6) Satz. *Durch jede der folgenden Bedingungen wird einer beliebigen Matrix $\boldsymbol{A}$ dieselbe Zahl r, der Rang von $\boldsymbol{A}$ $(r = \text{rg}(\boldsymbol{A}))$, zugeordnet:*

a) *Die größten regulären Untermatrizen von $\boldsymbol{A}$ haben r Zeilen und Spalten.*

b) *r ist die maximale Anzahl von linear unabhängigen Spalten in $\boldsymbol{A}$.*

c) *r ist die maximale Anzahl von linear unabhängigen Zeilen in $\boldsymbol{A}$.*

Beweis. Wie erwähnt, braucht nur noch die Äquivalenz von c) mit a) und b) gezeigt zu werden. Die größten regulären Untermatrizen von $\boldsymbol{A}$ bzw. $\boldsymbol{A}^{\mathrm{T}}$ seien r- bzw. r_1-reihig. Aber $\boldsymbol{B}$ ist genau dann reguläre Untermatrix von $\boldsymbol{A}$, wenn $\boldsymbol{B}^{\mathrm{T}}$ reguläre Untermatrix von $\boldsymbol{A}^{\mathrm{T}}$ ist (s. Aufgabe II.10 b)), und hieraus folgt $r = r_1$. Nach b) ist r_1 (und somit r) auch die maximale Anzahl von linear unabhängigen Spalten in $\boldsymbol{A}^{\mathrm{T}}$, d. h., r ist die maximale Anzahl von linear unabhängigen Zeilen in $\boldsymbol{A}$.

Mit den oben schon betrachteten Vektoren $\boldsymbol{u}^{\mathrm{T}}, \boldsymbol{v}^{\mathrm{T}}, \boldsymbol{w}^{\mathrm{T}}$ sei z. B.

$$\boldsymbol{A} = \begin{pmatrix} \boldsymbol{u}^{\mathrm{T}} \\ \boldsymbol{v}^{\mathrm{T}} \\ \boldsymbol{w}^{\mathrm{T}} \end{pmatrix} = \begin{pmatrix} 2 & 3 & -1 & 0 & 20 \\ -6 & -5 & 0 & 2 & -45 \\ 0 & 4 & -3 & 2 & 15 \end{pmatrix}$$

und der Rang von $\boldsymbol{A}$ zu bestimmen. Die drei Zeilen von $\boldsymbol{A}$ sind linear abhängig: $\boldsymbol{u}^{\mathrm{T}} \cdot 3 + \boldsymbol{v}^{\mathrm{T}} - \boldsymbol{w}^{\mathrm{T}} = \boldsymbol{o}^{\mathrm{T}}$. Dagegen sind die beiden ersten Zeilen linear unabhängig, weil

$$\boldsymbol{u}^{\mathrm{T}} \cdot t_1 + \boldsymbol{v}^{\mathrm{T}} \cdot t_2 = (2t_1 - 6t_2, 3t_1 - 5t_2, -t_1, 2t_2, 20t_1 - 45t_2)$$

ist und rechts nur für $t_1 = t_2 = 0$ der Nullvektor steht, wie man leicht an der dritten und vierten Komponente erkennt. Mithin hat $\boldsymbol{A}$ den Rang 2. – Wir haben dies mittels der Zeilen überlegt, aber nach Satz (3.6) ist 2 auch die maximale Anzahl linear unabhängiger Spalten von $\boldsymbol{A}$, und weiter haben die größten regulären Untermatrizen von $\boldsymbol{A}$ zwei Zeilen und Spalten, alle dreireihigen quadratischen Untermatrizen von $\boldsymbol{A}$ sind singulär.

Besonders einfach läßt sich der Rang von Koeffizientenmatrizen gestaffelter Gleichungssysteme angeben:

(3.7) Satz. *Die gestaffelte Matrix*

$$\begin{pmatrix} b_{11} & b_{12} & \dots & b_{1r} & b_{1,r+1} & \dots & b_{1n} \\ 0 & b_{22} & \dots & b_{2r} & b_{2,r+1} & \dots & b_{2n} \\ \dots & \dots & \dots & \dots & \dots & \dots & \dots \\ 0 & 0 & \dots & b_{rr} & b_{r,r+1} & \dots & b_{rn} \end{pmatrix} \quad \textit{mit} \quad b_{ii} \neq 0 \; (i = 1(1)r)$$

hat den Rang r.

Beweis. Die r Zeilen $z_1^T, z_2^T, \dots, z_r^T$ der Matrix sind linear unabhängig. Es ist nämlich

$$\begin{aligned} & z_1^T \cdot s_1 + z_2^T \cdot s_2 + \dots + z_r^T \cdot s_r \\ & = (b_{11}s_1, b_{12}s_1 + b_{22}s_2, \dots, b_{1r}s_1 + b_{2r}s_2 + \dots + b_{rr}s_r, \dots, \\ & \quad \dots + b_{rn}s_r), \end{aligned}$$

und schon an den ersten r Komponenten erkennt man, daß sich rechts nur für $s_1 = s_2 = \dots = s_r = 0$ der Nullvektor ergibt; wegen $b_{11} \neq 0$ muß $s_1 = 0$, sodann wegen $b_{22} \neq 0$ auch $s_2 = 0$ sein usw., wenn schließlich schon $s_1 = s_2 = \dots = s_{r-1} = 0$ ist, so verschwindet die r-te Komponente wegen $b_{rr} \neq 0$ nur für $s_r = 0$.

Diese Aussage über gestaffelte Matrizen bietet in Verbindung mit dem folgenden Satz eine geeignete Möglichkeit zur Bestimmung des Ranges einer Matrix.

(3.8) Satz. *Eine gestaffelte Matrix* $\boldsymbol{B}$, *die mit dem verketteten Algorithmus aus einer Matrix* $\boldsymbol{A}$ *gewonnen wurde, hat denselben Rang wie* $\boldsymbol{A}$.

Beweis. Schon zur Bemerkung (3.4) führte uns die Überlegung, daß die Untersuchung von linearen Abhängigkeiten zwischen Spalten von $\boldsymbol{A}$ oder $\boldsymbol{B}$ gleichbedeutend ist mit der Suche nach nichttrivialen Lösungen der homogenen Systeme $\boldsymbol{A} \cdot \boldsymbol{x} = \boldsymbol{o}$ bzw. $\boldsymbol{B} \cdot \boldsymbol{x} = \boldsymbol{o}$. Diese beiden Systeme sind aber — wie in I.6. ausführlich unterucht wurde — äquivalent, und daher bestehen zwischen entsprechenden Spalten von $\boldsymbol{A}$ und $\boldsymbol{B}$ (evtl. wurden Spaltenvertauschungen vorgenommen!) dieselben linearen Abhängigkeiten. Insbesondere stimmt in beiden Matrizen die Maximalzahl linear unabhängiger Spalten überein.

Mit dieser Feststellung läßt sich Satz (1.9) ergänzen zum

(3.9) Hauptsatz über homogene lineare Gleichungssysteme. *Ein homogenes System* $\boldsymbol{A} \cdot \boldsymbol{x} = \boldsymbol{o}$ *mit* n *Variablen, dessen Koeffizientenmatrix* $\boldsymbol{A}$ *vom Rang* r *ist, besitzt* $n - r$ *linear unabhängige Lösungen. Jede Lösung des Systems ist eine Linearkombination dieser* $n - r$ *linear unabhängigen Lösungen.*

Von grundlegender Bedeutung für inhomogene Systeme ist neben Satz (1.10) der folgende Satz:

(3.10) Satz über die Lösbarkeit inhomogener linearer Gleichungssysteme. *Ein inhomogenes System* $\boldsymbol{A} \cdot \boldsymbol{x} = \boldsymbol{a}$ *ist genau dann lösbar (besitzt also eine spezielle Lösung), wenn der Rang der Koeffizientenmatrix* $\boldsymbol{A}$ *mit dem Rang der erweiterten Matrix* $(\boldsymbol{A}, \boldsymbol{a})$ *übereinstimmt:* $\operatorname{rg}(\boldsymbol{A}) = \operatorname{rg}(\boldsymbol{A}, \boldsymbol{a})$.

Beweis. Wenn $\boldsymbol{A} \cdot \boldsymbol{x} = \boldsymbol{a}$ lösbar ist, läßt es sich mit dem verketteten Algorithmus umformen in ein äquivalentes gestaffeltes System $\boldsymbol{B} \cdot \boldsymbol{x} = \boldsymbol{b}$ von r Gleichungen, welches lösbar ist, d. h., in den gestaffelten Matrizen $\boldsymbol{B}$ und $(\boldsymbol{B}, \boldsymbol{b})$ sind die r Elemente der Hauptdiagonalen ungleich Null. In diesem Fall gilt nach Satz (3.7) $\operatorname{rg}(\boldsymbol{B}) = \operatorname{rg}(\boldsymbol{B}, \boldsymbol{b}) = r$, nach Satz (3.8) aber ebenso $\operatorname{rg}(\boldsymbol{A}) = \operatorname{rg}(\boldsymbol{A}, \boldsymbol{a}) = r$. — Im anderen Fall, wenn $\boldsymbol{A} \cdot \boldsymbol{x} = \boldsymbol{a}$ nicht lösbar ist, führt der verkettete Algorithmus zu einem äquivalenten System $\boldsymbol{B} \cdot \boldsymbol{x} = \boldsymbol{b}$ mit

$$\boldsymbol{B} = \begin{pmatrix} b_{11} & b_{12} & \dots & b_{1r} & \dots & b_{1n} \\ 0 & b_{22} & \dots & b_{2r} & \dots & b_{2n} \\ \dots & \dots & \dots & \dots & \dots & \dots \\ 0 & 0 & \dots & b_{rr} & \dots & b_{rn} \\ 0 & 0 & \dots & 0 & \dots & 0 \end{pmatrix}, \qquad \boldsymbol{b} = \begin{pmatrix} b_1 \\ b_2 \\ \vdots \\ b_r \\ b_{r+1} \end{pmatrix},$$

wobei $b_{ii} \neq 0$ für $i = 1(1)r$ und $b_{r+1} \neq 0$ ist. In diesem Fall ist $\operatorname{rg}(\boldsymbol{B}) = r$, dagegen $\operatorname{rg}(\boldsymbol{B}, \boldsymbol{b}) = r + 1$, und somit ist auch $\operatorname{rg}(\boldsymbol{A}, \boldsymbol{a}) = \operatorname{rg}(\boldsymbol{A}) + 1$. (Übrigens gilt diese Feststellung natürlich auch, wenn sich die eben für $\boldsymbol{B} \cdot \boldsymbol{x} = \boldsymbol{b}$ geschilderte Situation schon für ein Teilsystem aus den ersten k der m Gleichungen von $\boldsymbol{A} \cdot \boldsymbol{x} = \boldsymbol{a}$ einstellt.)

Ein schöner Beweis des letzten Satzes läßt sich auch folgendermaßen ausarbeiten: $\boldsymbol{A} \cdot \boldsymbol{x} = \boldsymbol{a}$ ist genau dann lösbar, wenn sich

$\boldsymbol{a}$ als Linearkombination der Spalten von $\boldsymbol{A}$ darstellen läßt. Nun bleibt zu überlegen, daß dies genau dann eintritt, wenn sich durch Hinzunahme von $\boldsymbol{a}$ zu den Spalten von $\boldsymbol{A}$ die Maximalzahl der linear unabhängigen Spalten nicht vergrößert (vgl. Aufgabe 14).

Aufgaben

1. Man bestimme die allgemeine Lösung des in Beispiel 1 von Abschnitt I.1 aufgestellten linearen Gleichungssystems!
2. Man löse die Verflechtungsgleichung $(\boldsymbol{E} - \boldsymbol{M}) \cdot \boldsymbol{x} = \boldsymbol{a}$ der Produktionszweige Kohleindustrie, Stromerzeugung, Gaserzeugung in Beispiel 2 von Abschnitt I.1 (vgl. Aufgabe II.4) für

$$\boldsymbol{M} = \begin{pmatrix} 0{,}10 & 0{,}20 & 0{,}20 \\ 0{,}18 & 0{,}10 & 0{,}30 \\ 0{,}18 & 0{,}39 & 0{,}10 \end{pmatrix}, \qquad \boldsymbol{a} = \begin{pmatrix} 10 \\ 100 \\ 10 \end{pmatrix} \quad (\boldsymbol{a} \text{ in } 10^6 \text{ M}).$$

3. Ein Gas G_1 hat einen Schwefelgehalt von 6 gm^{-3}, ein Gas G_2 von 2 gm^{-3}, ein Gas G_3 von 3 gm^{-3}. Man bestimme alle Möglichkeiten, die Gase so zu mischen, daß ein Gas mit einem Schwefelgehalt von 4 gm^{-3} entsteht.
4. In dem Gleichungssystem

$$\begin{aligned} x_1 + a_{12}x_2 &= a_1, \\ a_{21}x_1 + a_{22}x_2 &= a_2 \end{aligned}$$

sind noch fünf Koeffizienten beliebig wählbar.

a) Es ist dieses allgemeine System zu diskutieren, d. h., es sind Bedingungen für die beliebigen Koeffizienten zu formulieren, unter denen das System genau eine, unendlich viele bzw. gar keine Lösung besitzt, und die Lösungen anzugeben.

b) Man entwerfe für die Behandlung des Systems ein Flußbild.

5. Man berechne die allgemeine Lösung der folgenden vier Systeme:

x_1	x_2	x_3	x_4	x_5	x_6	=
2	4	2	−3	−2	−2	0
−8	−16	−8	12	8	8	0
6	15	3	−13	2	−6	2
0	9	−9	−12	24	0	a_4
−4	1	−13	−7	30	4	8
4	−1	15	4	−28	−10	a_6

für $a_4 = 4$, $a_6 = 4$
bzw. $a_4 = 4$, $a_6 = 6$
bzw. $a_4 = 6$, $a_6 = 4$
bzw. $a_4 = 6$, $a_6 = 6$.

6. Man berechne die allgemeine Lösung von

x_1	x_2	x_3	x_4	x_5	=
1	−3	2	4	−2	−2
3	−7	5	8	−3	−3
−2	6	−4	−3	2	2
−2	8	−5	−2	3	3
1	−5	3	3	−3	−3 .

Für welche Werte der t_i erhält man die Lösung

$$\begin{pmatrix} x_1 \\ x_2 \\ x_3 \\ x_4 \\ x_5 \end{pmatrix} = \begin{pmatrix} -1 \\ 1 \\ 2 \\ 0 \\ 1 \end{pmatrix} ?$$

7. Man berechne die allgemeine Lösung von

x_1	x_2	x_3	x_4	x_5	=
1	−2	4	−3	2	4
3	−4	9	−5	4	7
2	2	0	3	1	−5
−2	4	−8	8	−5	−5
1	2	−2	1	2	−10

8. Man berechne die allgemeine Lösung von

x_1	x_2	x_3	x_4	=
3	1	3	−1	2
−3	0	2	5	−1
6	1	1	−6	3
−9	−1	1	11	−4
9	5	19	5	8
3	−2	−10	−11	1

9. Man berechne die allgemeine Lösung der folgenden drei Systeme:

x_1	x_2	x_3	=
4	−3	2	9
8	−5	1	12
−12	6	3	−9
4	−4	5	a_4
0	3	−7	a_5
−8	3	4	−3

für $a_4 = 15$, $a_5 = -12$
bzw. $a_4 = 15$, $a_5 = -10$
bzw. $a_4 = 14$, $a_5 = -12$.

10. In dem Gleichungssystem $\boldsymbol{A} \cdot \boldsymbol{x} = \boldsymbol{a}$ habe $\boldsymbol{A}$ m Zeilen und n Spalten. Für welche der folgenden sechs Möglichkeiten a) bis f) gibt es Beispiele?

	Das System hat		
	keine Lösung	genau eine Lösung	unendlich viele Lösungen
Es ist $m < n$	a)	b)	c)
Es ist $m \geqq n$	d)	e)	f)

11. Es sei

$$\boldsymbol{a}_1 = \begin{pmatrix} 3 \\ 2 \\ 1 \\ -1 \end{pmatrix}, \quad \boldsymbol{a}_2 = \begin{pmatrix} 1 \\ 1 \\ 2 \\ 0 \end{pmatrix}, \quad \boldsymbol{a}_3 = \begin{pmatrix} 0 \\ 1 \\ 2 \\ 0 \end{pmatrix}, \quad \boldsymbol{a}_4 = \begin{pmatrix} 1 \\ -1 \\ 0 \\ 1 \end{pmatrix}.$$

Man zeige, daß $\boldsymbol{a}_1, \boldsymbol{a}_2, \boldsymbol{a}_3, \boldsymbol{a}_4$ linear unabhängig sind.
Wenn man $\boldsymbol{b} = \boldsymbol{a}_1 \cdot 2 - \boldsymbol{a}_3$ setzt, sind dann die Vektoren $\boldsymbol{a}_1, \boldsymbol{a}_2, \boldsymbol{a}_3, \boldsymbol{b}$ bzw. $\boldsymbol{a}_1, \boldsymbol{a}_2, \boldsymbol{a}_4, \boldsymbol{b}$ linear unabhängig?

12. Die Matrix $\boldsymbol{A}$ habe m Zeilen und n Spalten. Es soll gezeigt werden, daß für $m < n$ die Spalten, für $m > n$ die Zeilen von $\boldsymbol{A}$ linear abhängig sind. (Mehr als m Vektoren von m Komponenten sind also linear abhängig.)

13. An den Gleichungssystemen der Aufgaben 5 bis 9 überprüfe man die Aussagen der Sätze (3.9) und (3.10).

14. Wir betrachten sechs Spaltenvektoren $\boldsymbol{a}_1, \boldsymbol{a}_2, \boldsymbol{a}_3, \boldsymbol{a}_4, \boldsymbol{a}_5, \boldsymbol{a}$; die Matrix $(\boldsymbol{a}_1, \boldsymbol{a}_2, \boldsymbol{a}_3, \boldsymbol{a}_4, \boldsymbol{a}_5)$ habe den Rang 3 und $\boldsymbol{a}_1, \boldsymbol{a}_2, \boldsymbol{a}_3$ seien linear unabhängig. Man zeige:

a) Wenn $\boldsymbol{a}$ eine Linearkombination von $\boldsymbol{a}_1, \boldsymbol{a}_2, \boldsymbol{a}_3$ ist, dann sind $\boldsymbol{a}_1, \boldsymbol{a}_2, \boldsymbol{a}_3, \boldsymbol{a}$ linear abhängig. (Muß man hierbei wissen, daß $\boldsymbol{a}_1, \boldsymbol{a}_2, \boldsymbol{a}_3$ linear unabhängig sind?)

b) $\boldsymbol{a}_4$ und $\boldsymbol{a}_5$ sind Linearkombinationen von $\boldsymbol{a}_1, \boldsymbol{a}_2, \boldsymbol{a}_3$
und hiermit:

c) Wenn $\boldsymbol{a}$ eine Linearkombination von $\boldsymbol{a}_1, \boldsymbol{a}_2, \boldsymbol{a}_3, \boldsymbol{a}_4, \boldsymbol{a}_5$ ist, ist $\boldsymbol{a}$ auch eine Linearkombination von $\boldsymbol{a}_1, \boldsymbol{a}_2, \boldsymbol{a}_3$ (und somit hat nach a) die erweiterte Matrix $(\boldsymbol{a}_1, \boldsymbol{a}_2, \boldsymbol{a}_3, \boldsymbol{a}_4, \boldsymbol{a}_5, \boldsymbol{a})$ auch den Rang 3).

d) Wenn $\boldsymbol{a}$ keine Linearkombination von $\boldsymbol{a}_1, \boldsymbol{a}_2, \boldsymbol{a}_3, \boldsymbol{a}_4, \boldsymbol{a}_5$ ist, hat die erweiterte Matrix $(\boldsymbol{a}_1, \boldsymbol{a}_2, \boldsymbol{a}_3, \boldsymbol{a}_4, \boldsymbol{a}_5, \boldsymbol{a})$ den Rang 4.
(Die leichte Verallgemeinerung dieser Überlegungen auf eine allgemeine Anzahl von Vektoren führt zu dem am Ende von Abschnitt 3 angedeuteten Beweis von Satz (3.10).)

IV. Das Gauß-Seidelsche iterative Verfahren

1. Grundsätzliches zur Problematik

Durch die bisherigen Überlegungen ist *theoretisch* die Bestimmung der allgemeinen Lösung von Gleichungssystemen vollständig geklärt. Die dazu notwendige Bestimmung von speziellen Lösungen inhomogener bzw. homogener Gleichungssysteme wird stets auf die Aufgabe zurückgeführt, (eindeutig bestimmte) Lösungen von Gleichungssystemen mit *regulärer* Koeffizientenmatrix zu berechnen. Auf diese spezielle Aufgabe beziehen sich die weiteren Überlegungen in diesem Kapitel. Betrachtet man z. B. das Gleichungssystem

(1.1)

x_1	x_2	x_3	x_4	=
0,50	0,00	−0,20	0,20	0,90
−0,05	0,40	0,02	0,28	1,91
0,00	−0,12	0,50	0,25	−0,74
0,05	0,00	0,03	0,10	0,26

so läßt sich ohne große Mühe nach dem verketteten Algorithmus die eindeutig bestimmte Lösung

$$\begin{pmatrix} x_1 \\ x_2 \\ x_3 \\ x_4 \end{pmatrix} = \begin{pmatrix} -1{,}00 \\ 2{,}00 \\ -3{,}00 \\ 4{,}00 \end{pmatrix}$$

berechnen. Trotzdem soll dieses Beispiel zur Darstellung einer prinzipiellen Schwierigkeit bei der *praktischen* Rechnung dienen, die wir bisher bei der Theorie völlig außer acht gelassen haben. Bei jeglicher praktischen Rechnung ist man gezwungen, mit Zahlen zu arbeiten, die durch eine endliche (und zwar nicht zu große!) Anzahl von Dezimalstellen dargestellt sind. Rechnet man mit der Hand, so kann man je nach Notwendigkeit die Anzahl der mitgeführten Dezimalstellen steigern, aber doch nicht beliebig, denn eine Rechnung mit z. B. 50 Dezimalstellen ist auf dem Papier schon sozusagen unvorstellbar. Rechnet man mit einer Tischrechenmaschine oder auch mit einer programmgesteuerten elektronischen Rechenmaschine, so ist die Anzahl der Stellen vielleicht 10 oder auch 20 oder auch 50, aber sie ist beschränkt. (Das äußert sich z. B. darin, daß in einer solchen Maschine die Zahl $\frac{1}{3}$ als

Tabelle 17

x_1	x_2	x_3	x_4	=	
0,50	0,00	−0,20	0,20	0,90	
−0,05	0,40	0,02	0,28	1,91	
0,00	−0,12	0,50	0,25	−0,74	
0,05	0,00	0,03	0,10	0,26	
0,50	0,00	−0,20	0,20	0,90	−0,72
0,10	0,40	0,00	0,30	2,00	2,30
0,00	0,30	0,50	0,34	−0,14	−2,72
−0,10	0,00	−0,10	0,05	0,18	3,60
					−1

Dezimalbruch gar nicht vorhanden ist, denn 0,33333 ... muß an irgendeiner Stelle abgebrochen werden und stellt dann nicht mehr die Zahl $\frac{1}{3}$ dar.)

Diese Festlegung auf eine bestimmte Anzahl von mitgeführten Dezimalstellen hat nun aber ihre Konsequenzen für die Brauchbarkeit einer Rechnung. Wir demonstrieren das an der Anwendung des verketteten Algorithmus auf das Beispiel (1.1), indem die Rechnung mit zwei Dezimalstellen nach dem Komma durchgeführt wird, d. h., nach jeder Multiplikation und Division wird auf zwei Stellen nach dem Komma gerundet.[1]) Es ergibt sich das

[1]) In der Praxis ist diese starke Beschränkung natürlich nicht anzutreffen, aber das Prinzip läßt sich schon hiermit demonstrieren und braucht nicht an einer komplizierten mehrstelligen Rechnung gezeigt zu werden.

Rechenschema der Tabelle 17 und somit die „Lösung“

$$\begin{pmatrix} x_1 \\ x_2 \\ x_3 \\ x_4 \end{pmatrix} = \begin{pmatrix} -0{,}72 \\ 2{,}30 \\ -2{,}72 \\ 3{,}60 \end{pmatrix}.$$

Durch die in der Praxis unvermeidbaren Rundungsfehler kann demnach die mit dem verketteten Algorithmus berechnete „Lösung“ von der exakten Lösung wesentlich abweichen. Man muß sich daher nach anderen Lösungsverfahren umsehen, die in gewissen Fällen helfen können. Ein solches Verfahren soll im folgenden dargestellt werden. Es handelt sich dabei um ein *iteratives* Lösungsverfahren im Gegensatz zum *direkten* Verfahren des verketteten Algorithmus. Der grundlegende inhaltliche Unterschied zwischen direkten und iterativen Verfahren geht aus folgenden Beschreibungen hervor:

Ein *direktes Verfahren* besteht aus Rechenvorschriften, die als Resultat die Lösung der Aufgabe liefern, und zwar wird theoretisch — d. h. beim Rechnen mit exakten Zahlen[1]) — die exakte Lösung gewonnen.

Ein *iteratives Verfahren* besteht

a) aus Rechenvorschriften, die von einer Näherungs-„Lösung“ der Aufgabe ausgehend als Zwischenresultat eine „bessere“ Näherungs-„Lösung“ liefern, und

b) aus der wiederholten (iterativen) Anwendung dieser Rechenvorschriften auf die gewonnenen Näherungs-„Lösungen“ zur Berechnung jeweils „besserer“ Näherungs-„Lösungen“, bis schließlich das gewonnene Zwischenresultat die exakte Lösung darstellt oder „gut genug“ geworden ist und auch in diesem Fall als Endresultat angesehen wird. (In diesem zweiten Fall wird auf den Vorsatz, die exakte Lösung der Aufgabe bestimmen zu wollen, verzichtet, aber man hat die Möglichkeit, fest-

---

[1]) Beim Rechnen mit Dezimalbrüchen also mit soviel Dezimalstellen, wie zur genügend genauen Darstellung jeder Zahl, die in der Rechnung vorkommt, notwendig sind.

zulegen, was „gut genug" heißen, d. h., wie genau die zu berechnende Näherungslösung mit der exakten Lösung übereinstimmen soll.)

2. Beschreibung des Verfahrens

Ein Gleichungssystem kann nach dem Gauß-Seidelschen iterativen Verfahren gelöst werden, wenn in seiner Koeffizientenmatrix die Elemente der Hauptdiagonalen gegenüber den anderen Elementen ihrer Zeile betragsmäßig „genügend stark" überwiegen. (Dies werden wir auf Seite 89 präzisieren.) In dem Gleichungssystem (1.1) ist das der Fall, und das Vorgehen des Gauß-Seidelschen Verfahrens, erläutert an diesem Beispiel, läßt sich grob folgendermaßen motivieren: Man denke sich die Gleichungen des Systems so umgestellt, daß nur die Glieder mit den betragsmäßig überwiegenden Diagonalelementen auf der linken Seite stehen:

$$
\begin{aligned}
(2.1)\quad 0{,}50x_1 &= & & 0{,}20x_3 - 0{,}20x_4 + 0{,}90\,,\\
0{,}40x_2 &= 0{,}05x_1 & & - 0{,}02x_3 - 0{,}28x_4 + 1{,}91\,,\\
0{,}50x_3 &= & 0{,}12x_2 & \qquad\quad\; - 0{,}25x_4 - 0{,}74\,,\\
0{,}10x_4 &= -0{,}05x_1 & & - 0{,}03x_3 \qquad\quad\; + 0{,}26\,.
\end{aligned}
$$

Es liege nun eine Näherungslösung

$$
\begin{pmatrix} x_1 \\ x_2 \\ x_3 \\ x_4 \end{pmatrix} = \begin{pmatrix} \xi_{11} \\ \xi_{21} \\ \xi_{31} \\ \xi_{41} \end{pmatrix} \qquad (\xi_{i1} = i\text{-te Komponente der ersten Näherung})
$$

des Gleichungssystems vor, die Zahlen $\xi_{11}, \ldots, \xi_{41}$ weisen also gegenüber der exakten Lösung noch gewisse Differenzen auf. Man setze diese Näherungslösung in die Terme der rechten Seiten von (2.1) ein und bestimme aus (2.1) für die Variablen $x_1, \ldots, x_4$ auf den linken Seiten Werte $\xi_{12}, \ldots, \xi_{42}$ einer zweiten Näherungslösung. Die Differenzen der neuen Werte zur exakten Lösung müssen geringer sein als die der ersten Näherung; diese Differenzen der ersten Näherung werden nämlich bei der Berechnung der zweiten Näherung mit Zahlen multipliziert, die betragsmäßig kleiner als 1 sind (wegen der überwiegenden Diagonalelemente). Wenn man dieses Vorgehen mehrere Male wiederholt, müßten die gewonnenen Näherungswerte daher der exakten Lösung immer näher kommen.

Der soeben skizzierte Übergang von der ersten zur zweiten Näherung geschieht genauer nach den folgenden Vorschriften, indem die Komponenten $\xi_{12}, \ldots, \xi_{42}$ der zweiten Näherung der Reihe nach so bestimmt werden, daß die Gleichungen

$$
\begin{aligned}
(2.2)\quad \xi_{12} &= (\qquad\qquad\qquad 0{,}20\xi_{31} - 0{,}20\xi_{41} + 0{,}90)/0{,}50,\\
\xi_{22} &= (\ 0{,}05\xi_{12} \qquad - 0{,}02\xi_{31} - 0{,}28\xi_{41} + 1{,}91)/0{,}40,\\
\xi_{32} &= (\qquad 0{,}12\xi_{22} \qquad\qquad - 0{,}25\xi_{41} - 0{,}74)/0{,}50,\\
\xi_{42} &= (-0{,}05\xi_{12} \qquad - 0{,}03\xi_{32} \qquad\qquad + 0{,}26)/0{,}10
\end{aligned}
$$

bestehen. Zu beachten ist hier, daß zur Berechnung der zweiten Näherung nicht grundsätzlich die Komponenten der ersten Näherung, sondern stets auch die bis zu dem gegebenen Moment vorliegenden Werte der zweiten Näherung benutzt werden. Durch diese Bestimmungsgleichungen sind die Rechenvorschriften für die Anwendung des Gauß-Seidelschen Verfahrens auf das Beispiel (1.1) gegeben. Sollte nämlich die berechnete zweite Näherung noch nicht „gut genug" sein, so werde sie als neue erste Näherung aufgefaßt, und es erfolgt die Berechnung einer neuen zweiten Näherung usw. Eine gefundene Näherungslösung soll „gut genug" sein, wenn sie sich durch Anwendung der Vorschriften (2.2) nicht mehr ändert.

Die Anfangsnäherung, mit der das Verfahren startet, kann beliebig gewählt werden (so daß eigentlich von Näherung gar nicht die Rede sein kann)! Gewöhnlich geht man wegen der am Anfang einfachen Rechnung von $\boldsymbol{x} = \boldsymbol{o}$ aus. Die Rechnung werde wiederum mit zwei Dezimalen nach dem Komma durchgeführt, und man erhält aus (2.2)

$$
\begin{aligned}
\xi_{12} &= (0{,}90)/0{,}50 = 1{,}80,\\
\xi_{22} &= (0{,}05 \cdot 1{,}80 + 1{,}91)/0{,}40 = 5{,}00,\\
\xi_{32} &= (0{,}12 \cdot 5{,}00 - 0{,}74)/0{,}50 = -0{,}28,\\
\xi_{42} &= (-0{,}05 \cdot 1{,}80 - 0{,}03 \cdot (-0{,}28) + 0{,}26)/0{,}10 = 1{,}80,
\end{aligned}
$$

d. h. die zweite Näherung

$$
\begin{pmatrix} x_1 \\ x_2 \\ x_3 \\ x_4 \end{pmatrix} = \begin{pmatrix} 1{,}80 \\ 5{,}00 \\ -0{,}28 \\ 1{,}80 \end{pmatrix}.
$$

Mit dieser Näherungslösung als (neuer) erster Näherung erhält man aus (2.2)

$$\begin{aligned}
\xi_{12} &= (\qquad\qquad\qquad\qquad 0{,}20 \cdot (-0{,}28) - 0{,}20 \cdot 1{,}80 + 0{,}90)/0{,}50 = \\
\xi_{22} &= (\ \ 0{,}05 \cdot 0{,}96 \quad - 0{,}02 \cdot (-0{,}28) - 0{,}28 \cdot 1{,}80 + 1{,}91)/0{,}40 = \\
\xi_{32} &= (\qquad 0{,}12 \cdot 3{,}68 \qquad\qquad\qquad - 0{,}25 \cdot 1{,}80 - 0{,}74)/0{,}50 = \\
\xi_{42} &= (-0{,}05 \cdot 0{,}96 \quad - 0{,}03 \cdot (-1{,}50) \qquad\qquad\qquad + 0{,}26)/0{,}10 =
\end{aligned}$$

d. h. die (neue) zweite Näherung

$$\begin{pmatrix} x_1 \\ x_2 \\ x_3 \\ x_4 \end{pmatrix} = \begin{pmatrix} 0{,}96 \\ 3{,}68 \\ -1{,}50 \\ 2{,}60 \end{pmatrix}.$$

Das Verfahren arbeitet weiter mit dieser Näherungslösung als (neuer) erster Näherung, berechnet nach (2.2) eine (neue) zweite Näherung usw. Diese und die folgenden Rechnungen können erheblich übersichtlicher gestaltet werden, wenn man das Rechenschema der Tabelle 18 benutzt. In dem Schema notiert man unterhalb der Koeffizientenmatrix zeilenweise die Näherungslösungen, wobei die —1 in der letzten Spalte zur Schematisierung der Rechnung dient.

Tabelle 18

x_1	x_2	x_3	x_4	=
0,50	0,00	−0,20	0,20	0,90
−0,05	0,40	0,02	0,28	1,91
0,00	−0,12	0,50	0,25	−0,74
0,05	0,00	0,03	0,10	0,26
ξ_{11}	ξ_{21}	ξ_{31}	ξ_{41}	−1
ξ_{12}				

Berechnung der i-ten Komponente ξ_{i2} der zweiten Näherung:

Benutzt werden

a) die i-te Zeile des Gleichungssystems (das ist die Zeile, deren (gekennzeichnetes) Diagonalelement in der Spalte von ξ_{i2} steht) und

b) die untersten ξ-Werte jeder Spalte einschließlich der rechts mitgeführten -1.

Man setze zunächst $\xi_{i2} = 0$; der endgültige Wert von ξ_{i2} ergibt sich aus dem skalaren Produkt zwischen den Zeilen a) und b) dividiert durch das negative Diagonalelement der Zeile a).[1])

Tabelle 19

x_1	x_2	x_3	x_4	=
0,50	0,00	−0,20	0,20	0,90
−0,05	0,40	0,02	0,28	1,91
0,00	−0,12	0,50	0,25	−0,74
0,05	0,00	0,03	0,10	0,26
1,80	5,00	−0,28	1,80	−1
0,96	3,68	−1,50	2,60	−1
0,16	3,05	−2,04	3,10	−1
−0,26	2,68	−2,40	3,40	−1
−0,52	2,45	−2,60	3,70	−1
−0,72	2,20	−2,82	3,80	−1
−0,84	2,18	−2,86	3,90	−1
−0,90	2,08	−2,94	4,00	−1
−0,98	2,00	−3,00	4,00	−1
−1,00	2,00	−3,00	4,00	

In Tabelle 18 sind die Elemente, die z. B. zur Berechnung von ξ_{22} benutzt werden, gestrichelt eingerahmt, und die Berechnungs-

[1]) Die Vorschrift $\xi_{i2} := 0$ braucht bei der Rechnung auf dem Papier nicht ausgeführt zu werden, denn sie soll lediglich bewirken, daß bei der Bildung des genannten skalaren Produktes das Produkt der Elemente in der Spalte von ξ_{i2} nicht berücksichtigt wird.

vorschrift für diesen Wert ist

$$\xi_{22} = \big(-0{,}05 \cdot \xi_{12} \quad + 0{,}02 \cdot \xi_{31} + 0{,}28 \cdot \xi_{41} + 1{,}91 \cdot (-1)\big)/-0{,}40$$

(vgl. (2.2)). — Die Bestimmung der Lösung des Beispiels (1.1) nach dem Gauß-Seidelschen Verfahren ergibt bei Rechnung mit zwei Dezimalstellen nach dem Komma Tabelle 19. Die Ausgangsnäherung $\boldsymbol{x} = \boldsymbol{o}$ ist dabei nicht aufgeschrieben, weil ihr Eingang in die Berechnung der ersten ξ-Zeile trivial ist. „Gut genug" als Lösung ist damit bei diesem Beispiel

$$\begin{pmatrix} x_1 \\ x_2 \\ x_3 \\ x_4 \end{pmatrix} = \begin{pmatrix} -1{,}00 \\ 2{,}00 \\ -3{,}00 \\ 4{,}00 \end{pmatrix},$$

und das ist sogar die exakte Lösung des Gleichungssystems.

3. Konvergenzbeweis

Die Rechenvorschriften des Gauß-Seidelschen Verfahrens zur Bestimmung der Lösung eines Gleichungssystems von n Gleichungen mit n Variablen

$$\begin{aligned} a_{11}x_1 + a_{12}x_2 + \cdots + a_{1n}x_n &= a_1\,, \\ a_{21}x_1 + a_{22}x_2 + \cdots + a_{2n}x_n &= a_2\,, \\ \cdots\cdots\cdots\cdots\cdots\cdots\cdots\cdots \\ a_{n1}x_1 + a_{n2}x_2 + \cdots + a_{nn}x_n &= a_n \end{aligned} \tag{3.1}$$

sind diese: Aus einer vorliegenden Näherungslösung

$$\begin{pmatrix} x_1 \\ \vdots \\ x_n \end{pmatrix} = \begin{pmatrix} \xi_{11} \\ \vdots \\ \xi_{n1} \end{pmatrix} \quad \text{(erste Näherung)}$$

wird eine bessere Näherungslösung

$$\begin{pmatrix} x_1 \\ \vdots \\ x_n \end{pmatrix} = \begin{pmatrix} \xi_{12} \\ \vdots \\ \xi_{n2} \end{pmatrix} \quad \text{(zweite Näherung)}$$

errechnet, indem die Komponenten der zweiten Näherung der Reihe nach so bestimmt werden, daß die Gleichungen

$$
\begin{aligned}
(3.2)\quad \xi_{12} &= (\qquad\qquad -a_{12}\xi_{21} - a_{13}\xi_{31} - \cdots - a_{1n}\xi_{n1} + a_1)/a_{11}, \\
\xi_{22} &= (-a_{21}\xi_{12} \qquad - a_{23}\xi_{31} - \cdots - a_{2n}\xi_{n1} + a_2)/a_{22}, \\
&\cdots\cdots\cdots\cdots\cdots\cdots\cdots\cdots\cdots\cdots \\
\xi_{n2} &= (-a_{n1}\xi_{12} - a_{n2}\xi_{22} - \cdots - a_{n,n-1}\xi_{n-1,2} \qquad + a_n)/a_{nn}
\end{aligned}
$$

bestehen, wobei $a_{ii} \neq 0$ $(i = 1(1)n)$ vorausgesetzt ist. (Setzt man in (3.1) oberhalb der Hauptdiagonalen für die Variablen x_i ihre Werte der ersten Näherung ein, so ist die zweite Näherung die Lösung des übriggebliebenen gestaffelten Gleichungssystems. Umstellung der Gleichungen nach den Diagonalelementen führt zu (3.2).)

Für die Anwendung des Gauß-Seidelschen Verfahrens auf ein Gleichungssystem (3.1) machen wir über dieses Gleichungssystem eine Voraussetzung, die das auf Seite 84 erwähnte Überwiegen der Hauptdiagonalelemente in der Koeffizientenmatrix präzisiert.

(3.3) Voraussetzung. In der Koeffizientenmatrix ist jedes Hauptdiagonalelement betragsmäßig größer als die Summe der Beträge aller übrigen Elemente seiner Zeile:

$$
\begin{aligned}
& \qquad\quad |a_{12}| + |a_{13}| + \cdots + |a_{1n}| < |a_{11}|, \\
& |a_{21}| \qquad\quad + |a_{23}| + \cdots + |a_{2n}| < |a_{22}|, \\
& \cdots\cdots\cdots\cdots\cdots\cdots\cdots\cdots \\
& |a_{n1}| + |a_{n2}| + \cdots + |a_{n,n-1}| \qquad < |a_{nn}|.
\end{aligned}
$$
[1])

(3.4) Satz. *Erfüllt ein Gleichungssystem* (3.1) *die Voraussetzung* (3.3), *so gilt:*

a) *Das Gleichungssystem besitzt genau eine Lösung, und*

b) *man kann mit dem Gauß-Seidelschen Verfahren, ausgehend von einer beliebigen Anfangsnäherung, Näherungslösungen berechnen, die sich von der exakten Lösung beliebig wenig unterscheiden.*

(Die Näherungslösungen konvergieren gegen die exakte Lösung.)

---

[1]) Es handelt sich hier um das sogenannte Zeilensummenkriterium.

Beweis von (3.4a). Wir werden beweisen, daß sich bei Anwendung des verketteten Algorithmus[1]) auf (3.1) für $i = 1(1)n$ $b_{ii} \neq 0$ ergibt, und damit folgt die zu beweisende Behauptung aus Satz (I. 7.2). (Die Koeffizientenmatrix ist demnach regulär.) Dazu ist es günstig, den Ablauf des Gaußschen Algorithmus in seiner ursprünglichen und nicht in der verketteten Form zu verfolgen.

Zur Elimination von x_1 wird die erste Gleichung von (3.1) mit $-a_{21}/a_{11}$ — aus (3.3) folgt $a_{11} \neq 0$ — multipliziert und zur zweiten addiert; es entsteht die Gleichung

$$\underbrace{(a_{22} - a_{21}/a_{11} \cdot a_{12})}_{b_{22}} x_2 + (a_{23} - a_{21}/a_{11} \cdot a_{13}) x_3 + \cdots + (a_{2n} - a_{21}/a_{11} \cdot a_{1n}) x_n = \cdots$$

Die folgenden Relationen zeigen, daß wegen Voraussetzung (3.3) auch in dieser Gleichung der Diagonalkoeffizient b_{22} betragsmäßig größer ist als die Summe S der Beträge aller übrigen Koeffizienten:

$$\begin{aligned} S &= |a_{23} - a_{21}/a_{11} \cdot a_{13}| + \cdots + |a_{2n} - a_{21}/a_{11} \cdot a_{1n}| \\ &\leqq |a_{23}| + |a_{21}/a_{11} \cdot a_{13}| + \cdots + |a_{2n}| + |a_{21}/a_{11} \cdot a_{1n}| \\ &= \underbrace{|a_{23}| + \cdots + |a_{2n}|}_{< |a_{22}| - |a_{21}|} + |a_{21}|/|a_{11}| \cdot (\underbrace{|a_{13}| + \cdots + |a_{1n}|}_{< |a_{11}| - |a_{12}|}) \quad \text{nach (3.3)}, \end{aligned}$$

damit

$$\begin{aligned} S &< |a_{22}| - |a_{21}| + |a_{21}|/|a_{11}| \cdot (|a_{11}| - |a_{12}|) \\ &= |a_{22}| - |a_{21}|/|a_{11}| \cdot |a_{12}| = |a_{22}| - |a_{21}/a_{11} \cdot a_{12}| \\ &\leqq |a_{22} - a_{21}/a_{11} \cdot a_{12}| = |b_{22}|, \end{aligned}$$

also

$$S < |b_{22}|;$$

insbesondere folgt daraus $b_{22} \neq 0$.

Dieses Überwiegen des Diagonalelementes läßt sich, indem man nur entsprechend andere Koeffizienten a_{ik} in die Rechnung einbezieht, genauso für die Gleichungen beweisen, die entstehen, wenn mittels der ersten Gleichung x_1 aus allen übrigen Gleichungen von (3.1) eliminiert wird. Daher erfüllt auch das so entstandene

---

[1]) Der verkettete Algorithmus dient uns hier nur als theoretisches Hilfsmittel; es geht jetzt nicht darum, (3.1) nach diesem Verfahren zu lösen.

Gleichungssystem die Voraussetzung (3.3). Bezüglich x_2 liegt jetzt in der zweiten bis n-ten Gleichung derselbe Fall vor wie im ursprünglichen System für x_1. Nach Elimination von x_2 aus der dritten bis n-ten Gleichung muß somit auch für das neue Gleichungssystem wieder Voraussetzung (3.3), insbesondere $b_{33} \neq 0$ gelten. Durch ganz entsprechende Argumentation wird so $b_{ii} \neq 0$ für $i = 1(1)n$ bewiesen.

Beweis von (3.4b). Aus Voraussetzung (3.3) folgt $a_{ii} \neq 0$ für $i = 1(1)n$, und daher

$$\begin{aligned}
(\phantom{|a_{21}|}\quad |a_{12}| + |a_{13}| + \cdots + |a_{1n}|)/|a_{11}| &< 1,\\
(|a_{21}| \qquad\quad + |a_{23}| + \cdots + |a_{2n}|)/|a_{22}| &< 1,\\
\cdots\cdots\cdots\cdots\cdots\cdots\cdots\cdots\cdots\cdots&\\
(|a_{n1}| + |a_{n2}| + \cdots + |a_{n,n-1}| \qquad)/|a_{nn}| &< 1.
\end{aligned}$$

Bezeichnet man mit a das Maximum der n linken Seiten dieser Ungleichungen, so gilt $(0 \leqq)\; a < 1$ und

$$\begin{aligned}
(\phantom{|a_{21}|}\quad |a_{12}| + |a_{13}| + \cdots + |a_{1n}|)/|a_{11}| &\leqq a,\\
(|a_{21}| \qquad\quad + |a_{23}| + \cdots + |a_{2n}|)/|a_{22}| &\leqq a,\\
\cdots\cdots\cdots\cdots\cdots\cdots\cdots\cdots\cdots\cdots&\\
(|a_{n1}| + |a_{n2}| + \cdots + |a_{n,n-1}| \qquad)/|a_{nn}| &\leqq a.
\end{aligned}$$

Nach (3.4a) besitzt (3.1) genau eine Lösung

$$\begin{pmatrix} x_1 \\ \vdots \\ x_n \end{pmatrix} = \begin{pmatrix} \xi_1 \\ \vdots \\ \xi_n \end{pmatrix};$$

mit ihr gelten die Gleichungen

$$\begin{aligned}
(3.5)\quad \xi_1 &= (\qquad\qquad\; - a_{12}\xi_2 - a_{13}\xi_3 - \cdots - a_{1n}\xi_n + a_1)/a_{11},\\
\xi_2 &= (-a_{21}\xi_1 \qquad\quad - a_{23}\xi_3 - \cdots - a_{2n}\xi_n + a_2)/a_{22},\\
&\cdots\cdots\cdots\cdots\cdots\cdots\cdots\cdots\cdots\cdots\\
\xi_n &= (-a_{n1}\xi_1 - a_{n2}\xi_2 - \cdots - a_{n,n-1}\xi_{n-1} \qquad + a_n)/a_{nn}.
\end{aligned}$$

(Man setze die Lösung in (3.1) ein und stelle die Gleichungen nach den Diagonalelementen um.)

Gegenüber den Komponenten ξ_i der exakten Lösung sind die Komponenten ξ_{ik} der Näherungslösungen mit gewissen *Fehlern* f_{ik}

behaftet, d. h., es sei

$$(3.6) \qquad \begin{pmatrix} \xi_{11} \\ \vdots \\ \xi_{n1} \end{pmatrix} = \begin{pmatrix} \xi_1 + f_{11} \\ \vdots \\ \xi_n + f_{n1} \end{pmatrix} \quad \text{und} \quad \begin{pmatrix} \xi_{12} \\ \vdots \\ \xi_{n2} \end{pmatrix} = \begin{pmatrix} \xi_1 + f_{12} \\ \vdots \\ \xi_n + f_{n2} \end{pmatrix}.$$

Zum Beweis von (3.4 b) ist zu zeigen, daß diese Fehler f_{ik} dem Absolutbetrag nach beliebig klein gemacht werden können. Das wird bewiesen sein, wenn gezeigt ist, daß der absolut größte unter ihnen beliebig klein gemacht werden kann; wir bezeichnen diese *Maximalfehler* der ersten bzw. zweiten Näherung mit f_1 bzw. f_2:

$$f_1 = \text{Maximum von } |f_{11}|, |f_{21}|, \ldots, |f_{n1}|,$$
$$f_2 = \text{Maximum von } |f_{12}|, |f_{22}|, \ldots, |f_{n2}|.$$

Für die Fehler f_{ik} erhält man aus (3.2) die Gleichungen

$$\begin{aligned}
(\xi_1 + f_{12}) &= (\qquad\qquad - a_{12}(\xi_2 + f_{21}) - a_{13}(\xi_3 + f_{31}) - \cdots \\
&\qquad - a_{1n}(\xi_n + f_{n1}) + a_1)/a_{11}, \\
(\xi_2 + f_{22}) &= (-a_{21}(\xi_1 + f_{12}) \qquad\qquad - a_{23}(\xi_3 + f_{31}) - \cdots \\
&\qquad - a_{2n}(\xi_n + f_{n1}) + a_2)/a_{22}, \\
&\ldots\ldots\ldots\ldots\ldots\ldots\ldots\ldots \\
(\xi_n + f_{n2}) &= (-a_{n1}(\xi_1 + f_{12}) - a_{n2}(\xi_2 + f_{22}) - \cdots \\
&\qquad - a_{n,n-1}(\xi_{n-1} + f_{n-1,2}) + a_n)/a_{nn},
\end{aligned}$$

die sich aber wegen Gültigkeit von (3.5) zu

$$(3.7) \qquad \begin{aligned}
f_{12} &= (\qquad\qquad - a_{12}f_{21} - a_{13}f_{31} - \cdots - a_{1n}f_{n1})/a_{11}, \\
f_{22} &= (-a_{21}f_{12} \qquad\qquad - a_{23}f_{31} - \cdots - a_{2n}f_{n1})/a_{22}, \\
&\ldots\ldots\ldots\ldots\ldots\ldots\ldots\ldots \\
f_{n2} &= (-a_{n1}f_{12} - a_{n2}f_{22} - \cdots - a_{n,n-1}f_{n-1,2} \qquad)/a_{nn}
\end{aligned}$$

vereinfachen lassen. Aus diesen Gleichungen werden die entscheidenden Folgerungen für die Größenabschätzung der Maximalfehler gezogen.

Aus (3.7) erhält man durch Bilden der absoluten Beträge und Anwendung der Dreiecksungleichung auf die Zähler der rechten

Seiten

$$\begin{aligned}(3.8)\quad |f_{12}| &\leqq (\qquad\qquad |a_{12}|\,|f_{21}| + |a_{13}|\,|f_{31}| + \cdots + |a_{1n}|\,|f_{n1}|)/|a_{11}|,\\ |f_{22}| &\leqq (|a_{21}|\,|f_{12}| \qquad\qquad + |a_{23}|\,|f_{31}| + \cdots + |a_{2n}|\,|f_{n1}|)/|a_{22}|,\\ &\cdots\cdots\cdots\cdots\cdots\cdots\cdots\cdots\cdots\\ |f_{n2}| &\leqq (|a_{n1}|\,|f_{12}| + |a_{n2}|\,|f_{22}| + \cdots + |a_{n,n-1}|\,|f_{n-1,2}| \qquad)/|a_{nn}|.\end{aligned}$$

In der ersten von diesen Ungleichungen kann man unter Erhaltung der $\leqq$-Relation die $|f_{i1}|$ durch ihren größten Wert, d. h. f_1, abschätzen und erhält

$$|f_{12}| \leqq \Big(\underbrace{(|a_{12}| + |a_{13}| + \cdots + |a_{1n}|)/|a_{11}|}_{\leqq a}\Big) f_1,$$

$$|f_{12}| \leqq a \cdot f_1.$$

Hieraus folgt $|f_{12}| \leqq f_1$, so daß auch in der zweiten Ungleichung von (3.8) die $|f_{ik}|$ durch f_1 abgeschätzt werden können:

$$|f_{22}| \leqq \Big(\underbrace{(|a_{21}| + |a_{23}| + \cdots + |a_{2n}|)/|a_{22}|}_{\leqq a}\Big) f_1,$$

$$|f_{22}| \leqq a \cdot f_1.$$

In gleicher Weise läßt sich mit den übrigen Ungleichungen von (3.8) schrittweise für $i = 1(1)n$

$$|f_{i2}| \leqq a \cdot f_1$$

beweisen. Weil $|f_{12}|, \ldots, |f_{n2}|$ demnach sämtlich nicht größer als $a \cdot f_1$ sind, gilt dasselbe auch für das Maximum unter ihnen, d. h. für f_2:

$$(3.9)\qquad f_2 \leqq a \cdot f_1.$$

Startet das Gauß-Seidelsche Verfahren bei einer (beliebigen) Anfangsnäherung, die den Maximalfehler f hat, so gilt laut (3.9) beim Übergang von jeder Näherung zur nächsten für deren Maximalfehler: Er ist höchstens so groß wie der mit a multiplizierte der vorhergehenden Näherung. Der Maximalfehler der Näherungslösung, die nach k Iterationsschritten entstanden ist, ist daher höchstens gleich $a^k \cdot f$. Wegen $a < 1$ wird er beliebig klein, wenn nur k genügend groß gewählt wird.

4. Fehlerabschätzung

Durch Satz (3.4) ist zwar bewiesen, daß man unter Voraussetzung (3.3) nach dem Gauß-Seidelschen Verfahren beliebig genaue Näherungslösungen eines Gleichungssystems berechnen kann, aber es ist noch die Frage offen, woran man während der Rechnung feststellt, wie genau denn eine gefundene Näherungslösung schon ist. Bei Anwendung des Verfahrens auf Beispiel (1.1) war uns im voraus die exakte Lösung des Gleichungssystems bekannt, was in der Praxis natürlich nie der Fall ist, und wir konnten die Konver-

Tabelle 20

x_1	x_2	x_3	=
100	90	8	59,6
97	100	0	58,8
90	0	100	56,0
0,6	0,01	0,02	−1
0,59	0,02	0,03	−1
0,58	0,03	0,04	−1
0,57	0,04	0,05	−1
0,56	0,04	0,06	−1
0,56	0,04	0,06	

genz der Näherungslösungen gegen die exakte Lösung verfolgen. Sowohl in der Theorie[1]) wie in der Praxis ist auch die folgende, vielleicht naheliegende Argumentation falsch: Man rechne solange, bis sich die gefundene Näherungslösung durch Anwendung der Rechenvorschriften des Verfahrens nicht mehr ändert; diese Näherung ist dann die exakte Lösung.

Theoretisch[1]) kann dieser Fall nach endlich vielen Iterationen niemals eintreten (wenn nicht die Ausgangsnäherung des Verfahrens schon die exakte Lösung darstellt). Stellen nämlich die Komponenten einer ersten Näherung nicht die exakte Lösung dar

[1]) d. h. beim Rechnen mit exakten Zahlen.

und werden nach (3.2) die Komponenten der zweiten Näherung berechnet, so kann nicht die zweite Näherung mit der ersten übereinstimmen; denn aus den dann bestehenden Gleichungen würde folgen, daß diese Näherung doch schon die exakte Lösung sein müßte (vgl. (3.5)). Das bedeutet, daß nach Satz (3.4) zwar die Fehler der berechneten Näherungslösungen beliebig klein, aber theoretisch in endlich vielen Rechenschritten niemals Null werden.

Praktisch, d. h. beim Rechnen mit einer beschränkten Anzahl von Dezimalen und daher unvermeidbaren Rundungen, können die Fehler der Näherungslösungen dennoch Null werden (siehe Beispiel (1.1) in Tabelle 19); oder es kann auch die aus einer ersten Näherung nach (3.2) berechnete zweite Näherung mit der ersten übereinstimmen, ohne daß schon die exakte Lösung erreicht ist! Dies zeigt das Beispiel in Tabelle 20, wenn wieder jede Rechenoperation mit zwei Dezimalen nach dem Komma durchgeführt wird, denn die exakte Lösung ist in diesem Fall

$$\begin{pmatrix} x_1 \\ x_2 \\ x_3 \end{pmatrix} = \begin{pmatrix} 0{,}4 \\ 0{,}2 \\ 0{,}2 \end{pmatrix},$$

wovon man sich leicht durch Einsetzen überzeugt. (Die Lösung ist nach Satz (3.4a) eindeutig bestimmt, denn Voraussetzung (3.3) ist erfüllt.)

Die Beispiele zeigen, daß theoretische Aussagen in der Praxis durch Rundungen entstellt werden können. So ist für das System in Tabelle 20 die Genauigkeit einer zweistelligen Rechnung zu schlecht, um einigermaßen brauchbare Näherungslösungen des Gleichungssystems zu ergeben. Dies wissen wir jetzt, da uns die exakte Lösung bekannt ist. Wir wollen uns nun aber ein Hilfsmittel verschaffen, welches auch während der Rechnung eine Aussage über die Größe der Fehler macht, mit der eine gefundene Näherungslösung höchstens behaftet ist. Diese Aussage wird aus den Differenzen zwischen den Komponenten zweier aufeinanderfolgender Näherungen gewonnen.

Der folgende Satz hat nur Gültigkeit unter der Voraussetzung (3.3), unter der nach Satz (3.4) die Konvergenz des Gauß-Seidelschen Verfahrens garantiert ist, d. h., es sei $(0 \leqq) a < 1$; setzt man $r = a/(1 - a)$, so gilt $r \geqq 0$.

(4.1) Satz. *Ist d die absolut größte Differenz zwischen den Komponenten zweier aufeinanderfolgender Näherungslösungen, so gilt für den Maximalfehler f_2 der (jeweiligen) zweiten Näherung:* $f_2 \leqq r \cdot d$.

Beweis. An (3.6) erkennt man, daß die Differenzen zwischen den Komponenten zweier aufeinanderfolgender Näherungen gleich den Differenzen zwischen den Fehlern der einzelnen Komponenten sind:

$$\xi_{11} - \xi_{12} = f_{11} - f_{12}, \ldots, \xi_{n1} - \xi_{n2} = f_{n1} - f_{n2}.$$

Ist daher

$$d = \text{Maximum von } |\xi_{11} - \xi_{12}|, \ldots, |\xi_{n1} - \xi_{n2}|,$$

so ist auch

$$d = \text{Maximum von } |f_{11} - f_{12}|, \ldots, |f_{n1} - f_{n2}|.$$

Weiterhin war

$$f_1 = \text{Maximum von } |f_{11}|, \ldots, |f_{n1}|,$$

und es muß daher eine Zahl l geben, so daß $f_1 = |f_{l1}|$ ist. Dann ist aber

$$d \geqq |f_{l1} - f_{l2}| \geqq \underbrace{|f_{l1}|}_{= f_1} \underbrace{- |f_{l2}|}_{\geqq -f_2},$$

und somit $d \geqq f_1 - f_2$. Nach (3.9) gilt ferner für $a \neq 0$ (der Fall $a = 0$ ist trivial[1])) $f_1 \geqq f_2/a$, so daß

$$d \geqq f_2/a - f_2 = f_2(1 - a)/a = f_2/r$$

folgt, womit der Satz bewiesen ist.

Für die Anwendung von Satz (4.1) machen wir zunächst am Beispiel von Tabelle 20 einige Bemerkungen: Betrachtet man die letzten beiden Näherungen, so ist anscheinend $d = 0$, und aus Satz (4.1) würde folgen, daß der Fehler jener Näherung Null ist, d. h. die exakte Lösung vorliegt!? Dieses wird jedoch durch die Rechnung mit zwei Dezimalen suggeriert, weil die kleinste positive Zahl in dem Falle 0,01 ist und somit kleinere positive Zahlen gar nicht erfaßbar sind. Man hat jedoch kein Recht, diese Zahlen schlechthin durch Null zu ersetzen und kann daher legitimerweise in jenem

[1]) Man erhält im ersten Schritt die exakte Lösung.

Fall nur $d < 0{,}005$ behaupten. Für das Beispiel ist $a = 0{,}98$, $r = 0{,}98/0{,}02 = 49$, und aus Satz (4.1) folgt dann

$$f_2 < 49 \cdot 0{,}005 < 0{,}25.$$

Für die Komponenten ξ_1, ξ_2, ξ_3 der exakten Lösung sind daher lediglich die Aussagen

$$0{,}56 - 0{,}25 < \xi_1 < 0{,}56 + 0{,}25,$$
$$0{,}04 - 0{,}25 < \xi_2 < 0{,}04 + 0{,}25,$$
$$0{,}06 - 0{,}25 < \xi_3 < 0{,}06 + 0{,}25$$

gewonnen, die darauf hindeuten (ohne vorherige Kenntnis der exakten Lösung), daß die vorliegende Näherungslösung noch sehr schlecht ist. Wollte man für dieses Beispiel die Lösung auf eine Dezimale nach dem Komma gerundet erhalten, so müßte man $f_2 < 0{,}05$ fordern. Das könnte man durch $r \cdot d < 0{,}05$, d. h.

$$d < 0{,}05/49 = 0{,}001\ldots = 1{,}\ldots \cdot 10^{-3}$$

erreichen. Diese Abschätzung für d kann aber erst gemacht werden, wenn die Rechnung mindestens mit drei Dezimalen nach dem Komma durchgeführt wird.

Soll für ein gegebenes System die auf k Dezimalen gerundete Näherungslösung berechnet werden, so kann man von vornherein nicht entscheiden, mit wieviel Stellen die Rechnung durchzuführen ist; man wird versuchsweise vielleicht mit $k + 1$ Dezimalen beginnen, doch evtl. zeigt sich im Laufe der Rechnung, daß mehr Dezimalen erforderlich sind.[1]) Bei dem folgenden abschließenden Beispiel ist dieser Effekt zu beobachten.

Die Lösung des Gleichungssystems

x_1	x_2	x_3	$=$
10	−2	2	15
2	10	1	−7
−2	1	10	16

[1]) Man sollte jedoch bei den anfänglichen Näherungen keineswegs mit sehr vielen Stellen rechnen, sondern erst nach „Stabilisierung“ der ersten Dezimalen weitere hinzunehmen.

soll mit dem Gauß-Seidelschen Verfahren auf drei Dezimalen nach dem Komma gerundet berechnet werden. Voraussetzung (3.3) ist erfüllt, und daher konvergiert nach Satz (3.4) das Verfahren. Hier ist $a = \frac{4}{10}$ $\left(= \text{Maximum von } \frac{4}{10}, \frac{3}{10}, \frac{3}{10}\right)$ und damit

$$r = a/(1-a) = \frac{2}{3}.$$

Tabelle 21

x_1	x_2	x_3	=		
10	−2	2	15		
2	10	1	−7		
−2	1	10	16	$d <$	$r \cdot d <$
1,5	−1,0	2,0	−1		
0,9	−1,08	1,888	−1		
0,9064	−1,0701	1,8883	−1		
0,9083	−1,0705	1,8887	−1	0,00195	0,0013
0,9082	−1,0705	1,8887	−1	0,00015	0,0001
0,90816	−1,07050	1,88868	−1	0,000045	0,00003
0,908164	−1,070501	1,888683	−1	0,0000045	0,000003
0,9081632	−1,0705009	1,8886827		0,00000085	0,0000006

Der Ablauf der Rechnung ist in Tabelle 21 zusammengestellt. Mit der letzten berechneten Näherung gelten nach Satz (4.1) für die Komponenten ξ_1, ξ_2, ξ_3 der exakten Lösung die Aussagen

$$\begin{aligned} 0{,}9081626 &< \xi_1 < 0{,}9081638, \\ -1{,}0705015 &< \xi_2 < -1{,}0705003, \\ 1{,}8886821 &< \xi_3 < 1{,}8886833. \end{aligned}$$

Damit läßt sich eine gerundete dreistellige, ja jetzt sogar eine gerundete fünfstellige Näherungslösung angeben:

$$\begin{pmatrix} x_1 \\ x_2 \\ x_3 \end{pmatrix} \approx \begin{pmatrix} 0{,}90816 \\ -1{,}07050 \\ 1{,}88868 \end{pmatrix}.$$

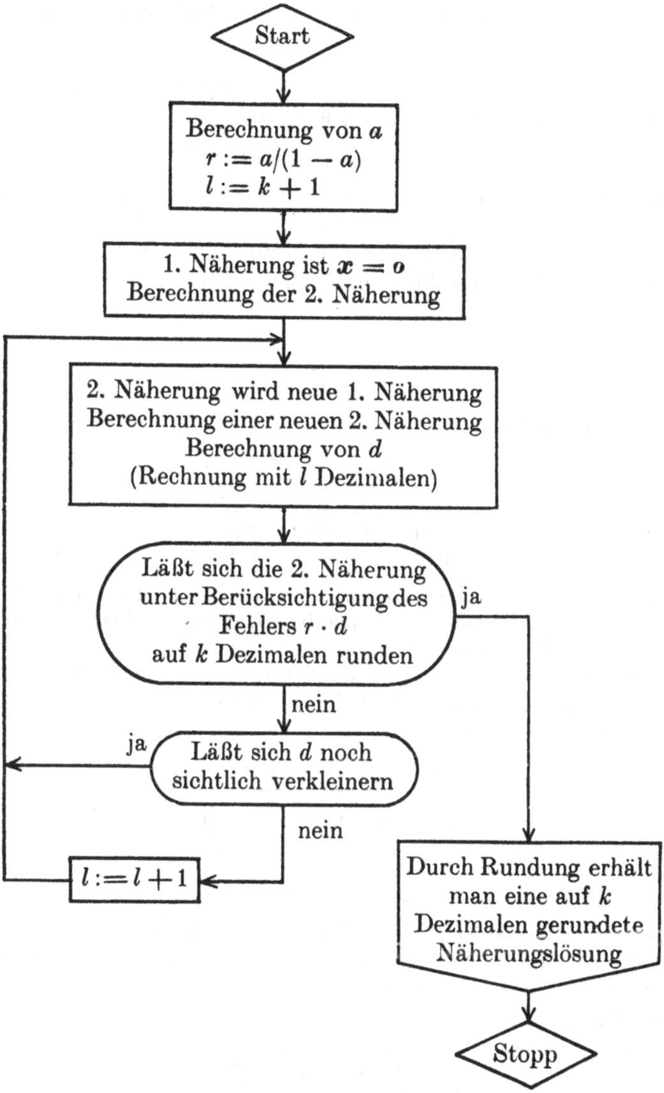

Abb. 10. Flußbild zum Gauß-Seidelschen Verfahren. Gegeben ist ein Gleichungssystem (3.1), das die Voraussetzung (3.3) erfüllt. Gesucht ist die auf k Dezimalen nach dem Komma gerundete Näherungslösung.

Nimmt man dagegen die vorletzte Näherung mit der zugehörigen Fehlerabschätzung, so gilt für ξ_2 lediglich

$$-1{,}070504 < \xi_2 < -1{,}070498;$$

hiernach kann man ξ_2 noch nicht auf drei Dezimalen nach dem Komma runden!

Eine systematische Zusammenfassung über den Ablauf des Gauß-Seidelschen Verfahrens gibt das Flußbild in Abb. 10.

Aufgaben

1. Bestimme die Lösung von

x_1	x_2	x_3	=
0,1	0,01	0,01	0,22
0,01	0,1	0,01	0,58
0,01	0,01	0,1	0,76

a) mit dem verketteten Algorithmus bei Rechnung mit exakten Zahlen,
b) mit dem verketteten Algorithmus bei Rundung jeder Rechenoperation auf zwei Dezimalen nach dem Komma,
c) mit dem Gauß-Seidelschen Verfahren bei Rundung jeder Rechenoperation auf zwei Dezimalen nach dem Komma.

2. Die Lösung des linearen Gleichungssystems

x_1	x_2	x_3	x_4	=
10	0	3	−1	10
−5	10	0	−1	12
0	2	10	4	−9
−1	−2	1	10	−2

ist nach dem Verfahren von Gauss-Seidel zu bestimmen, indem jede Rechenoperation auf zwei Dezimalen nach dem Komma gerundet wird. (Das Verfahren liefert die exakte Lösung.)

3. Für das System

x_1	x_2	x_3	x_4	=
5	1	0	0	18
1	−6	−1	0	−9
0	−1	8	1	−10
0	0	1	−6	−16

ist nach dem Gauß-Seidelschen Verfahren eine Näherungslösung zu berechnen, deren Komponenten höchstens mit dem Fehler $0{,}5 \cdot 10^{-2}$ behaftet sind.

4. Für das System

x_1	x_2	x_3	$=$
10	0	3	18
−2	20	2	−17
1	2	10	3

ist nach dem Gauß-Seidelschen Verfahren die auf zwei Stellen nach dem Komma gerundete Näherungslösung zu berechnen.

5. In der quadratischen Matrix $\boldsymbol{A}$ sei jedes Hauptdiagonalelement betragsmäßig größer als die Summe der Beträge aller übrigen Elemente seiner Spalte. Man zeige: $\boldsymbol{A} \cdot \boldsymbol{x} = \boldsymbol{a}$ besitzt genau eine Lösung.

   (Der Nachweis dafür, daß die mit dem Gauß-Seidelschen Verfahren berechneten Näherungslösungen auch unter dieser Voraussetzung für $\boldsymbol{A}$ gegen die exakte Lösung konvergieren, kann erbracht werden, ist prinzipiell nicht schwieriger als der Beweis von Satz (3.4b), erfordert jedoch im Detail einige andere Gedanken.)

6. Es sei $\boldsymbol{x} = (x_i)_{i=1(1)n}$, $\boldsymbol{A} = (a_{ik})_{i,k=1(1)n}$.

   a) Für Vektoren $\boldsymbol{x}$ sei

$$\|\boldsymbol{x}\| = \text{Maximum von } |x_1|, |x_2|, \ldots, |x_n|,$$

   für Matrizen $\boldsymbol{A}$ sei

$$\begin{aligned}\|\boldsymbol{A}\| = \text{Maximum von } & (|a_{11}| + |a_{12}| + \cdots + |a_{1n}|),\\ & (|a_{21}| + |a_{22}| + \cdots + |a_{2n}|),\\ & \ldots\ldots\ldots\ldots\ldots\ldots\ldots\\ & (|a_{n1}| + |a_{n2}| + \cdots + |a_{nn}|).\end{aligned}$$

   (Jedem Vektor $\boldsymbol{x}$ und jeder Matrix $\boldsymbol{A}$ werden je eine Zahl $\|\boldsymbol{x}\|$ bzw. $\|\boldsymbol{A}\|$ (ihre *Normen*) zugeordnet, nämlich die absolut größte Komponente bzw. die größte Zeilensumme aus den Absolutbeträgen der Elemente (Zeilennorm).)
   Es ist zu beweisen, daß $\|\boldsymbol{A} \cdot \boldsymbol{x}\| \leqq \|\boldsymbol{A}\| \cdot \|\boldsymbol{x}\|$ gilt.

   b) Für Vektoren $\boldsymbol{x}$ sei

$$\|\boldsymbol{x}\| = |x_1| + |x_2| + \cdots + |x_n|,$$

   für Matrizen $\boldsymbol{A}$

$$\begin{aligned}\|\boldsymbol{A}\| = \text{Maximum von } & (|a_{11}| + |a_{21}| + \cdots + |a_{n1}|),\\ & (|a_{12}| + |a_{22}| + \cdots + |a_{n2}|),\\ & \ldots\ldots\ldots\ldots\ldots\ldots\ldots\\ & (|a_{1n}| + |a_{2n}| + \cdots + |a_{nn}|).\end{aligned}$$

($\|\boldsymbol{A}\|$ ist hier die größte Spaltensumme aus den Absolutbeträgen der Elemente (Spaltennorm).) Es ist zu beweisen, daß auch für diese Normen $\|\boldsymbol{A} \cdot \boldsymbol{x}\| \leqq \|\boldsymbol{A}\| \cdot \|\boldsymbol{x}\|$ gilt.

7. In der Verflechtungsgleichung $(\boldsymbol{E} - \boldsymbol{M}) \cdot \boldsymbol{x} = \boldsymbol{y}$ (s. Aufg. II.4) gilt für in der Praxis vorkommende Fälle $m_{ii} < 1$, $m_{ik} \geqq 0$ $(i, k = 1(1)\, n)$, $\boldsymbol{x} > \boldsymbol{o}$ (d. h. $x_i > 0$ $(i = 1(1)\, n)$) sowie $\boldsymbol{y} \geqq \boldsymbol{o}$ und $\boldsymbol{y} \neq \boldsymbol{o}$. Man zeige, daß dieses Gleichungssystem für $\boldsymbol{y} > \boldsymbol{o}$ niemals unendlich viele Lösungen $\boldsymbol{x}$ $(> \boldsymbol{o})$ hat. Gibt es den Fall der Unlösbarkeit?
8. Man entwerfe ein Flußbild zur Berechnung der Zahl a (s. S. 91) für eine gegebene quadratische Matrix $\boldsymbol{A}$ mit nichtverschwindenden Hauptdiagonalelementen (vgl. Aufg. I.5).

V. Lineare Optimierungsaufgaben, Simplexmethode

1. Festlegungen zur Aufgabenform

In den folgenden Abschnitten werden Lösungsmethoden für verschiedene Formen von linearen Optimierungsaufgaben behandelt, und es sei einleitend hervorgehoben, daß wir zur Begründung dieser Methoden fruchtbringend die in Kapitel II über Matrizen gewonnenen theoretischen Aussagen wie auch überhaupt den Matrizenkalkül heranziehen werden. Zunächst betrachten wir zwei Beispiele, die den allgemeinen Ansatz für lineare Optimierungsaufgaben erläutern.

Beispiel 1. Der Transport eines homogenen[1]) Produktes von den Aufkommensorten A_1 und A_2 nach den Bedarfsorten B_1, B_2 und B_3 soll neu organisiert werden. Gesamtaufkommen und Gesamtbedarf sind gleich groß, und zwar betrage das Aufkommen in A_1 120, in A_2 80 Einheiten des Produktes, der Bedarf in B_1 10, in B_2 120, in B_3 70 Einheiten. Gegeben sind weiter die Gewinne c_{ik}[2]) je Einheit des Produktes bei der Neuorganisation des Transportes von A_i nach B_k:

$$(c_{ik}) = \begin{pmatrix} 7 & 0 & 5 \\ -6 & 5 & -2 \end{pmatrix}.$$

Werden nun x_{ik} Einheiten von A_i nach B_k transportiert, so ist der Gesamtgewinn Z gegeben durch

$$Z = 7x_{11} + 0x_{12} + 5x_{13} - 6x_{21} + 5x_{22} - 2x_{23}.$$

Dabei bestehen für die x_{ik} die Gleichungen

$$\left.\begin{aligned} x_{11} + x_{12} + x_{13} &= 120, \\ x_{21} + x_{22} + x_{23} &= 80 \end{aligned}\right\} \text{(Ausschöpfung des Aufkommens)},$$

[1]) d. h. beliebig in Teilmengen zerlegbaren.

[2]) Negative Gewinne bedeuten Kosten.

$$\left.\begin{aligned} x_{11} + x_{21} &= 10,\\ x_{12} + x_{22} &= 120,\\ x_{13} + x_{23} &= 70. \end{aligned}\right\} \text{(Befriedigung des Bedarfs).}$$

Die Aufgabe ist nun darin zu sehen, nichtnegative Werte für die x_{ik} so zu bestimmen, daß Z einen maximalen Wert annimmt. Dies Beispiel ist ein sogenanntes Transportproblem.

Beispiel 2. Ein Teilprozeß in einem chemischen Betrieb zur Herstellung eines Produktes P aus dem Rohmaterial R lasse zwei Realisierungen zu: P wird aus R auf elektrolytischem Wege über ein Zwischenprodukt Z_1 oder mittels einer chemischen Reaktion über ein Zwischenprodukt Z_2 gewonnen. Beim ersten Weg wird Energie verbraucht, und es fällt als Nebenprodukt eine Säure an, und zwar werden je t Z_1 an Energie e_1 MWh, an Rohstoff r_1 t benötigt, dagegen s_1 m³ der Säure frei; beim zweiten Weg wird die Säure verwendet, und es wird Energie frei, und zwar fallen e_2 MWh je produzierter t Z_2 an, wofür aber r_2 t Rohstoff und s_2 m³ Säure verbraucht werden. Erzeugt der Betrieb x_1 t Z_1 und x_2 t Z_2, so kann er daraus $(c_1x_1 + c_2x_2)$ t des Produktes P herstellen. Es bestehe nun die Aufgabe, möglichst viel P zu produzieren, wobei jedoch zu beachten ist, daß Energie, Rohmaterial und Säure jeweils nur in den Höchstmengen e, r, s zur Verfügung stehen. Dann müssen x_1 und x_2 solche nichtnegativen Werte erhalten, daß die Ungleichungen

$$\begin{aligned} e_1x_1 - e_2x_2 &\leqq e,\\ r_1x_1 + r_2x_2 &\leqq r,\\ -s_1x_1 + s_2x_2 &\leqq s \end{aligned}$$

erfüllt sind und $c_1x_1 + c_2x_2$ möglichst groß wird.

Im allgemeinen Fall sind bei einer linearen Optimierungsaufgabe (LO-Aufgabe) ein System von linearen Ungleichungen oder Gleichungen (System von *Restriktionen*)

x_1	x_2	$\dots$	x_n	$\gtreqless$
a_{11}	a_{12}	$\dots$	a_{1n}	b_1
a_{21}	a_{22}	$\dots$	a_{2n}	b_2
$\dots$	$\dots$	$\dots$	$\dots$	$\cdot$
a_{m1}	a_{m2}	$\dots$	a_{mn}	b_m

und eine lineare *Zielfunktion*

$$Z = c_1x_1 + c_2x_2 + \cdots + c_nx_n$$

gegeben. Gesucht sind die *optimalen* Lösungen der LO-Aufgabe, das sind diejenigen Lösungen des Systems der Restriktionen, deren Komponenten sämtlich nichtnegativ sind und für die der Funktionswert der Zielfunktion maximal ist.

Von den Restriktionen kann verlangt werden, daß alle rechten Seiten b_i $(i = 1(1)m)$ nichtnegativ sind. Dies erreicht man gegebenenfalls durch Multiplikation mit -1 (wobei darauf zu achten ist, daß dann der Richtungssinn der Ungleichheitszeichen umgekehrt werden muß) und sei ein für allemal vorausgesetzt. Übrigens bereiten Aufgabenstellungen, bei denen der Wert der Zielfunktion statt seines Maximums das Minimum annehmen soll, überhaupt keine neuen Schwierigkeiten. Mit der Bestimmung des Minimums von Z ist die des Maximums von $-Z$ gleichbedeutend. In einer vorliegenden „Minimal"-Aufgabe hat man daher nur die rechte Seite der Zielfunktion mit -1 zu multiplizieren, um eine äquivalente „Maximal"-Aufgabe zu erhalten.

Zunächst besprechen wir LO-Aufgaben, bei denen in den Restriktionen lediglich das Zeichen $\leqq$ auftritt (sogenannte *Normalaufgaben*). Dieser Aufgabentyp spielt eine grundlegende Rolle, denn es wird sich zeigen, daß andere Aufgaben im Prinzip mit denselben Methoden behandelt werden können.

2. Einführungsbeispiel

Gegeben sei die LO-Aufgabe

(2.1)

x_1	x_2	$\leqq$
1	-2	1
2	1	9
-1	2	8

$$Z = 2x_1 + 3x_2$$

vom Typ des Beispiels 2 aus dem vorigen Abschnitt. Daneben betrachten wir die LO-Aufgabe

(2.2)

x_1	x_2	u_1	u_2	u_3	=
1	−2	1	0	0	1
2	1	0	1	0	9
−1	2	0	0	1	8

$$Z = 2x_1 + 3x_2 + 0u_1 + 0u_2 + 0u_3,$$

deren Restriktionen in Gleichungsform gegeben sind und die durch Einführung der sogenannten *Schlupfvariablen* u_1, u_2, u_3 aus den Restriktionen der ursprünglichen Aufgabe entstanden sind. Es gilt: Die Werte von x_1 und x_2 in einer optimalen Lösung von (2.2) erfüllen die Restriktionen (2.1) und liefern denselben Z-Wert. Umgekehrt gilt auch: Liegt eine optimale Lösung von (2.1) vor, so läßt diese sich zu einer Lösung der Restriktionen (2.2) ergänzen; sie liefert denselben Z-Wert, und in ihr haben die Variablen u_1, u_2, u_3 nichtnegative Werte. Aus jeder optimalen Lösung von (2.2) kann man somit eine optimale Lösung von (2.1) ablesen und umgekehrt. Wir bestimmen die optimalen Lösungen von (2.2) nach der *Simplexmethode*. Diese Methode ist ein iteratives Verfahren (vgl. IV.1.), das als Zwischenlösungen sogenannte zulässige Basislösungen liefert.

Eine Lösung der Restriktionen heißt *zulässig*, wenn in ihr alle Variablen nichtnegative Werte haben. Die Restriktionen (2.2) haben eine ausgezeichnete Gestalt: Dieses Gleichungssystem ist nach den Variablen u_1, u_2, u_3 aufgelöst in dem Sinne, daß jede dieser Variablen in genau einer Gleichung vorkommt, so daß man sofort eine zulässige Lösung angeben kann, nämlich

(2.3)
$$\begin{pmatrix} x_1 \\ x_2 \\ u_1 \\ u_2 \\ u_3 \end{pmatrix} = \begin{pmatrix} 0 \\ 0 \\ 1 \\ 9 \\ 8 \end{pmatrix}.$$

Die Variablen, nach denen das Gleichungssystem aufgelöst ist, heißen *Basisvariablen*, die übrigen *Nichtbasisvariablen*. Man erhält eine *Basislösung*, wenn man diejenige Lösung der Restriktionen bestimmt, in der die Nichtbasisvariablen den Wert 0 haben. (2.3) ist die erste *zulässige Basislösung* der Aufgabe (2.2); für sie hat Z den Wert 0.

Diese Begriffe gehen ein in die *Simplextabellen*, die den Ablauf der Simplexmethode in schematischer Form zusammenfassen. Erste Simplextabelle für (2.2) ist

(2.4)

BV	x_1	x_2	u_1	u_2	u_3	=
u_1	1	−2	1			1
u_2	2	1		1		9
u_3	−1	2			1	8
	2	3				Z

In der letzten Zeile der Tabelle ist die Gleichung der Zielfunktion aufgeführt; in der ersten Spalte sind die Basisvariablen angegeben in der Reihenfolge, wie sie in den einzelnen Restriktionen auftreten, so daß auch aus der Tabelle unmittelbar die zulässige Basislösung (2.3) abgelesen werden kann.

Nun liegt der Gedanke nahe, zulässige Basislösungen zu berechnen, in denen x_1 und x_2 positive Werte haben, weil Z für solche Lösungen einen größeren Wert erhält. Es wird daher eine neue Simplextabelle berechnet, in der x_2 Basisvariable ist. (Man gibt x_2 gegenüber x_1 den Vorzug, weil Z bei Vergrößerung von x_2 stärker wächst.) Der Wert von x_2 in einer zulässigen Lösung darf nur so groß gewählt werden, daß keine der Variablen u_1, u_2, u_3 einen negativen Wert erhält; x_1 behält vorläufig den Wert 0. Dann liefern die einzelnen Restriktionen von (2.4) folgende Bedingungen:

die erste Zeile keine Bedingung für x_2,

die zweite Zeile $x_2 \leqq 9$,

die dritte Zeile $x_2 \leqq 4$.

Von (2.4) ausgehend, kann somit x_2 höchstens den Wert 4 annehmen; für $x_2 = 4$ wird $u_3 = 0$. Die neuen Basisvariablen sind x_2, u_1, u_2. Das System der Restriktionen wird äquivalent umgeformt, so daß es nach diesen Variablen aufgelöst ist. Dazu muß x_2 mittels der dritten Zeile aus den übrigen eliminiert werden; man sagt, die dritte Zeile ist für diese Umformung die *Hauptzeile*, ihr Element in der zweiten Spalte (Spalte derjenigen Variablen, die Basisvariable wird) das *Hauptelement*. Es entsteht die folgende Simplextabelle:

(2.5)

	BV	x_1	x_2	u_1	u_2	u_3	=
2)	u_1			1		1	9
−1)	u_2	2,5			1	−0,5	5
	x_2	−0,5	1			0,5	4
−3)		3,5				−1,5	$Z - 12$

Zunächst wurde die dritte Zeile durch 2 (das Hauptelement) dividiert, sodann mit 2, −1 bzw. −3 multipliziert und zur ersten, zweiten bzw. letzten Zeile addiert; die Faktoren sind in der ersten Spalte notiert. Es wurde also auch die Gleichung der Zielfunktion in gleicher Weise umgeformt, um Z in Abhängigkeit von den Nichtbasisvariablen darzustellen.

Aus der Tabelle (2.5) kann die neue zulässige Basislösung

$$\begin{pmatrix} x_1 \\ x_2 \\ u_1 \\ u_2 \\ u_3 \end{pmatrix} = \begin{pmatrix} 0 \\ 4 \\ 9 \\ 5 \\ 0 \end{pmatrix}$$

abgelesen werden. Z hat für diese Basislösung den Wert 12, was auch aus der letzten Zeile von (2.5) abgelesen werden kann. Aus dem positiven Koeffizienten 3,5 von x_1 schließt man, daß sich der Wert von Z weiter vergrößert, wenn x_1 einen positiven Wert erhält. Darum wird ausgehend von (2.5) eine neue Simplextabelle berechnet, in der x_1 Basisvariable ist. Prinzipiell wiederholen sich nun die Rechenschritte.

Zunächst wird wieder unter den Restriktionen die Hauptzeile bestimmt, die den jetzt größtmöglichen Wert von x_1 festlegt. Die Basisvariable, die in dieser Zeile steht, wird Nichtbasisvariable. Es liefert

die erste Zeile keine Bedingung für x_1,
die zweite Zeile $x_1 \leqq 2$,
die dritte Zeile keine Bedingung für x_1,

d. h., die zweite Zeile ist Hauptzeile und 2,5 Hauptelement. Mittels dieser Zeile wird x_1 aus den übrigen Zeilen eliminiert, so daß das System der Restriktionen wieder nach den Basisvariablen aufgelöst und Z in Abhängigkeit von den Nichtbasisvariablen dargestellt ist:

(2.6)

	BV	x_1	x_2	u_1	u_2	u_3	=
0)	u_1			1		1	9
	x_1	1			0,4	−0,2	2
0,5)	x_2		1		0,2	0,4	5
−3,5)					−1,4	−0,8	$Z - 19$

Aus dieser Tabelle ist die zulässige Basislösung

(2.7)
$$\begin{pmatrix} x_1 \\ x_2 \\ u_1 \\ u_2 \\ u_3 \end{pmatrix} = \begin{pmatrix} 2 \\ 5 \\ 9 \\ 0 \\ 0 \end{pmatrix},$$

für die $Z = 19$ ist, abzulesen. Da die Nichtbasisvariablen u_2 und u_3 in der letzten Zeile negative Koeffizienten haben, schließt man, daß sich der Wert von Z nicht weiter vergrößern läßt, d. h., (2.7) ist die gesuchte optimale Lösung der LO-Aufgabe (2.1).

Die Rechenschritte der Simplexmethode sind an dem Beispiel erläutert worden. Nachdem man diese Methode beherrscht, besteht der Lösungsgang wie in Tabelle 22 lediglich aus der Berechnung der Simplextabellen; dabei sind ergänzend in der letzten Spalte die Bedingungen angegeben, die zur Auswahl der Hauptzeile und damit des gekennzeichneten Hauptelementes führen.

Tabelle 22

	BV	x_1	x_2	u_1	u_2	u_3	=	
	u_1	1	−2	1			1	—
	u_2	2	1		1		9	9
	u_3	−1	2*			1	8	4
		2	3				Z	
2)	u_1			1		1	9	—
−1)	u_2	2,5*			1	−0,5	5	2
	x_2	−0,5	1			0,5	4	—
−3)		3,5				−1,5	$Z - 12$	
0)	u_1			1		1	9	
	x_1	1			0,4	−0,2	2	
0,5)	x_2		1		0,2	0,4	5	
−3,5)					−1,4	−0,8	$Z - 19$	

3. Der Simplexschritt

Zu der allgemeinen Normalaufgabe

(3.1)

x_1	x_2	$\dots$	x_n	$\leqq$
a_{11}	a_{12}	$\dots$	a_{1n}	b_1
a_{21}	a_{22}	$\dots$	a_{2n}	b_2
$\dots$	$\dots$	$\dots$	$\dots$	.
a_{m1}	a_{m2}	$\dots$	a_{mn}	b_m

$$Z = c_1 x_1 + c_2 x_2 + \cdots + c_n x_n$$

entsteht nach Einführung der Schlupfvariablen u_i ($i = 1(1)\,m$) die *Ausgangstabelle*

(3.2)

BV	x_1	x_2	$\dots$	x_n	u_1	u_2	$\dots$	u_m	=
u_1	a_{11}	a_{12}	$\dots$	a_{1n}	1				b_1
u_2	a_{21}	a_{22}	$\dots$	a_{2n}		1			b_2
.	$\dots$	$\dots$	$\dots$	$\dots$	$\dots$	$\dots$	$\dots$	$\dots$	.
u_m	a_{m1}	a_{m2}	$\dots$	a_{mn}				1	b_m
	c_1	c_2	$\dots$	c_n					Z

Als iteratives Verfahren führt die Simplexmethode von dieser Tabelle zu einer neuen Tabelle nach gewissen Rechenvorschriften, die sodann auch wiederholt auf die jeweils neuen Tabellen anzuwenden sind. Wir wollen jetzt diese Rechenvorschriften (den Simplexschritt) allgemein beschreiben. In einer Simplextabelle sei v die Nichtbasisvariable, die in der nächsten Tabelle Basisvariable sein soll. (v kann eine der Variablen x_i oder u_i sein.) Vorläufig machen wir folgende

(3.3) Annahme. Abgesehen von der letzten Zeile tritt in der v-Spalte der Tabelle mindestens eine positive Zahl auf.

Simplexschritt zur Variablen v:

I. *Bestimmen des Hauptelementes:* In jeder außer der letzten Zeile wird die Zahl in der letzten Spalte durch die Zahl der v-Spalte, falls diese positiv ist, dividiert. Eine von den Zeilen mit dem kleinsten so ermittelten Quotienten wird Hauptzeile, ihr Element in der v-Spalte Hauptelement. (Nach (3.3) wird mindestens ein Quotient gebildet, so daß es einen kleinsten gibt.)

II. *Eintragen der Basisvariablen in die neue Tabelle:* An Stelle der bisherigen Basisvariablen w der Hauptzeile wird v eingetragen, die übrigen Basisvariablen werden übernommen.

III. *Bilden der (neuen) v-Zeile:* Division der Hauptzeile durch das Hauptelement.

IV. *Bilden der ersten Spalte:* Multiplikation der v-Spalte mit -1. (Das Element der v-Zeile wird nicht benötigt.)

V. *Bilden der übrigen Zeilen:* In der ersten Spalte der neuen Zeile stehe die Zahl a. Zur alten Zeile wird das a-fache der v-Zeile addiert.

Tabelle 23 verdeutlicht Einzelheiten eines Simplexschrittes zur Variablen v. Dabei gilt $a' > 0$, und damit $\frac{b'}{a'} \geqq 0$. Ist $a'' \leqq 0$, d. h. $a \geqq 0$, so gilt

$$b'' + a \cdot \frac{b'}{a'} \geqq b'' \geqq 0.$$

Ist $a'' > 0$, so gilt

$$b'' + a \cdot \frac{b'}{a'} = b'' - a'' \cdot \frac{b'}{a'} = a'' \left(\frac{b''}{a''} - \frac{b'}{a'} \right).$$

Nach Punkt I des Simplexschrittes ist $\frac{b''}{a''} \geqq \frac{b'}{a'}$, und diese Bedingung, die man auch so formulieren kann, daß v den Wert $\frac{b'}{a'}$ und nicht einen größeren erhält, ist notwendig und hinreichend dafür, daß in der letzten Spalte der neuen Tabelle nichtnegative Zahlen stehen. In jeder Simplextabelle ist das System der Restriktionen nach den Basisvariablen aufgelöst, und zwar

Tabelle 23

BV	v	$=$	
w	a'^*	b'	$\frac{b'}{a'}$
	a''	b''	$\frac{b''}{a''}$
v	1	$\frac{b'}{a'}$	
$-a'')$ $\uparrow$ a	0	$b'' + a \cdot \frac{b'}{a'}$	

ergibt die Anwendung der Vorschriften des Simplexschrittes auf das Gleichungssystem der Restriktionen eine äquivalente Umformung dieses Systems, und es gilt nach den eben gemachten Überlegungen der

(3.4) Satz.

a) *Durch den Simplexschritt zur Variablen v entsteht eine Simplextabelle, aus der eine zulässige Basislösung abgelesen werden kann.*

b) *Durch Punkt I des Simplexschrittes wird der größtmögliche Wert bestimmt, den v annehmen kann, wenn man ausgehend von der durch die alte Tabelle gegebenen Basislösung, zulässige Lösungen berechnet.*[1])

[1]) Es ist durchaus möglich, daß v in zulässigen Lösungen der LO-Aufgabe noch größere Werte annehmen kann. Zur Bestimmung dieser Lösungen muß man aber von anderen Simplextabellen ausgehen.

4. Struktur der Simplextabellen, optimale Tabellen

Wir wollen jetzt die Struktur der Simplextabellen genauer analysieren, um über den Abbruch des iterativen Verfahrens, d. h. über das Vorliegen der optimalen Lösungen im allgemeinen Fall, Aussagen machen zu können. In Abschnitt 2 haben wir aus den negativen Zahlen in der letzten Zeile von (2.6) geschlossen, daß die optimale Lösung von (2.1) bzw. (2.4) gefunden ist. Diese Schlußweise läßt sich rechtfertigen, da man formulieren kann, daß die in Tabelle 22 zusammengefaßten Simplextabellen äquivalente LO-Aufgaben darstellen. Wir wollen diese Begründung jedoch im allgemeinen Fall nicht weiter ausführen, sondern eine geschlossenere theoretische Darstellung geben.

Ebenso, wie wir Gleichungssysteme in Matrizenform geschrieben haben, sollen jetzt auch Ungleichungssysteme geschrieben werden. Mit den Bezeichnungen

$$\boldsymbol{A} = \begin{pmatrix} a_{11} & a_{12} & \dots & a_{1n} \\ a_{21} & a_{22} & \dots & a_{2n} \\ \dots & \dots & \dots & \dots \\ a_{m1} & a_{m2} & \dots & a_{mn} \end{pmatrix},$$

$$\boldsymbol{x} = \begin{pmatrix} x_1 \\ x_2 \\ \vdots \\ x_n \end{pmatrix}, \quad \boldsymbol{b} = \begin{pmatrix} b_1 \\ b_2 \\ \vdots \\ b_m \end{pmatrix}, \quad \boldsymbol{c} = \begin{pmatrix} c_1 \\ c_2 \\ \vdots \\ c_n \end{pmatrix}$$

lautet dann die allgemeine Normalaufgabe (3.1)

$$\boldsymbol{A} \cdot \boldsymbol{x} \leqq \boldsymbol{b},$$

$$Z = \boldsymbol{c}^{\mathrm{T}} \cdot \boldsymbol{x}.$$

Nach Einführung der Schlupfvariablen $u_1, \dots, u_m$ entsteht mit der Bezeichnung

$$\boldsymbol{u} = \begin{pmatrix} u_1 \\ u_2 \\ \vdots \\ u_m \end{pmatrix}$$

die LO-Aufgabe

$$\boldsymbol{A} \cdot \boldsymbol{x} + \boldsymbol{u} = \boldsymbol{b},$$
$$Z = \boldsymbol{c}^{\mathrm{T}} \cdot \boldsymbol{x}.$$

Die Ausgangstabelle dazu (vgl. (3.2)) kann mit diesen Abkürzungen so geschrieben werden:

(4.1)

BV	$\boldsymbol{x}^{\mathrm{T}}$	$\boldsymbol{u}^{\mathrm{T}}$	=
$\boldsymbol{u}$	$\boldsymbol{A}$	$\boldsymbol{E}$	$\boldsymbol{b}$
	$\boldsymbol{c}^{\mathrm{T}}$		Z

Durch eine Reihe von Simplexschritten werden aus dieser Tabelle eine neue, aus der wieder eine neue usw. berechnet. In einer beliebigen entstandenen neuen Tabelle — wir nennen sie kurz *Endtabelle* — sind gewisse Variablen x_i und gewisse Variablen u_i Basisvariablen. Zur Vereinfachung der Überlegungen können wir annehmen, daß dies die ersten Komponenten von $\boldsymbol{x}$ und die letzten Komponenten von $\boldsymbol{u}$ sind. (Durch evtl. Umbenennung der Variablen läßt sich das erreichen.) Wir fassen diese Basisvariablen x_i zu einem Vektor $\boldsymbol{x}_1$, die Nichtbasisvariablen x_i zu einem Vektor $\boldsymbol{x}_2$, die Nichtbasisvariablen u_i zu einem Vektor $\boldsymbol{u}_1$ und die Basisvariablen u_i zu einem Vektor $\boldsymbol{u}_2$ zusammen, d. h.

$$\boldsymbol{x} = \begin{pmatrix} \begin{pmatrix} x_1 \\ x_2 \\ \vdots \end{pmatrix} \\ \begin{pmatrix} \vdots \\ x_n \end{pmatrix} \end{pmatrix} = \begin{pmatrix} \boldsymbol{x}_1 \\ \boldsymbol{x}_2 \end{pmatrix}, \quad \boldsymbol{u} = \begin{pmatrix} \begin{pmatrix} u_1 \\ u_2 \\ \vdots \end{pmatrix} \\ \begin{pmatrix} \vdots \\ u_m \end{pmatrix} \end{pmatrix} = \begin{pmatrix} \boldsymbol{u}_1 \\ \boldsymbol{u}_2 \end{pmatrix}.$$

Die Matrix $\boldsymbol{A}$ wird ebenfalls zerlegt in vier Teilmatrizen:

$$\boldsymbol{A} = \begin{bmatrix} \begin{pmatrix} a_{11} & a_{12} & \cdot \\ a_{21} & a_{22} & \cdot \\ \cdots & \cdots & \cdots \end{pmatrix} & \begin{pmatrix} \cdots & a_{1n} \\ \cdots & a_{2n} \\ \cdots & \cdots \end{pmatrix} \\ \begin{pmatrix} \cdots & \cdots & \cdots \\ a_{m1} & a_{m2} & \cdot \end{pmatrix} & \begin{pmatrix} \cdots & \cdots \\ \cdots & a_{mn} \end{pmatrix} \end{bmatrix} = \begin{pmatrix} \boldsymbol{A}_{11} & \boldsymbol{A}_{12} \\ \boldsymbol{A}_{21} & \boldsymbol{A}_{22} \end{pmatrix},$$

und zwar so, daß $\boldsymbol{A}_{11}$ eine quadratische Matrix ist, deren Zeilenanzahl mit derjenigen von $\boldsymbol{x}_1$ übereinstimmt, $\boldsymbol{A}_{12}$ ebensoviel Zeilen und $\boldsymbol{A}_{21}$ ebensoviel Spalten wie $\boldsymbol{A}_{11}$ enthält. (Übrigens müssen die Zeilenanzahl von $\boldsymbol{x}_1$ und die von $\boldsymbol{u}_1$ einander gleich sein.) Schließlich seien auch noch die Vektoren $\boldsymbol{b}$ und $\boldsymbol{c}$ in je zwei Teilvektoren $\boldsymbol{b}_1$ und $\boldsymbol{b}_2$ bzw. $\boldsymbol{c}_1$ und $\boldsymbol{c}_2$ zerlegt, so daß $\boldsymbol{b}_1$ und $\boldsymbol{c}_1$ ebensoviel Elemente wie $\boldsymbol{x}_1$ haben:

$$\boldsymbol{b} = \begin{pmatrix} \boldsymbol{b}_1 \\ \boldsymbol{b}_2 \end{pmatrix}, \quad \boldsymbol{c} = \begin{pmatrix} \boldsymbol{c}_1 \\ \boldsymbol{c}_2 \end{pmatrix}.$$

Mit diesen verfeinerten Bezeichnungen lautet die Ausgangstabelle (4.1) so:

BV	$\boldsymbol{x}_1^{\mathrm{T}}$	$\boldsymbol{x}_2^{\mathrm{T}}$	$\boldsymbol{u}_1^{\mathrm{T}}$	$\boldsymbol{u}_2^{\mathrm{T}}$	=
$\boldsymbol{u}_1$	$\boldsymbol{A}_{11}$	$\boldsymbol{A}_{12}$	$\boldsymbol{E}$		$\boldsymbol{b}_1$
$\boldsymbol{u}_2$	$\boldsymbol{A}_{21}$	$\boldsymbol{A}_{22}$		$\boldsymbol{E}$	$\boldsymbol{b}_2$
	$\boldsymbol{c}_1^{\mathrm{T}}$	$\boldsymbol{c}_2^{\mathrm{T}}$			Z

Wir werden nun zusammenfassend (gewissermaßen in einem Schritt) beschreiben, wie die Zahlen in der Endtabelle mit denen in dieser Ausgangstabelle zusammenhängen. Zur Ausgangstabelle gehören die Gleichungen

(4.2a) $$\boldsymbol{A}_{11} \cdot \boldsymbol{x}_1 + \boldsymbol{A}_{12} \cdot \boldsymbol{x}_2 + \boldsymbol{u}_1 = \boldsymbol{b}_1,$$

(4.2b) $$\boldsymbol{A}_{21} \cdot \boldsymbol{x}_1 + \boldsymbol{A}_{22} \cdot \boldsymbol{x}_2 + \boldsymbol{u}_2 = \boldsymbol{b}_2,$$

(4.2c) $$\boldsymbol{c}_1^{\mathrm{T}} \cdot \boldsymbol{x}_1 + \boldsymbol{c}_2^{\mathrm{T}} \cdot \boldsymbol{x}_2 = Z.$$

Das Gleichungssystem der Restriktionen ist nach den Komponenten von $\boldsymbol{u}_1$ und $\boldsymbol{u}_2$ aufgelöst. In der Endtabelle sind an Stelle der Komponenten von $\boldsymbol{u}_1$ diejenigen von $\boldsymbol{x}_1$ Basisvariablen geworden, und das Gleichungssystem ist dort nach den Komponenten von $\boldsymbol{x}_1$ und $\boldsymbol{u}_2$ aufgelöst. Da es also nach diesen Komponenten auflösbar ist, folgt, daß das System (4.2a, b) bei beliebiger Wahl der Werte für $\boldsymbol{x}_2$ und $\boldsymbol{u}_1$ (eindeutig bestimmte) Lösungen besitzt. Insbesondere ist daher (4.2a) in der Form

$$\boldsymbol{A}_{11} \cdot \boldsymbol{x}_1 = \boldsymbol{b}_1 - \boldsymbol{A}_{12} \cdot \boldsymbol{x}_2 - \boldsymbol{u}_1$$

zu jeder beliebigen rechten Seite lösbar (sogar eindeutig). Aus Satz (II.2.4′) folgt dann, daß die Matrix $\boldsymbol{A}_{11}$ regulär ist und somit nach Satz (II.3.5) eine inverse $\boldsymbol{A}_{11}^{-1}$ besitzt.

Jetzt ist es möglich, die Form der Gleichungen zu gewinnen, die zur Endtabelle gehören. Durch Multiplikation mit $\boldsymbol{A}_{11}^{-1}$ von links wird (4.2 a) nach $\boldsymbol{x}_1$ aufgelöst:

$$\boldsymbol{x}_1 + \boldsymbol{A}_{11}^{-1} \cdot \boldsymbol{A}_{12} \cdot \boldsymbol{x}_2 + \boldsymbol{A}_{11}^{-1} \cdot \boldsymbol{u}_1 = \boldsymbol{A}_{11}^{-1} \cdot \boldsymbol{b}_1 . \tag{4.3 a}$$

Aus den Gleichungen (4.2 b) und (4.2 c) wird $\boldsymbol{x}_1$ eliminiert, indem (4.3 a) von links mit $-\boldsymbol{A}_{21}$ bzw. $-\boldsymbol{c}_1^{\mathrm{T}}$ multipliziert und sodann zu (4.2 b) bzw. (4.2 c) addiert wird; man erhält

$$\begin{aligned} &(\boldsymbol{A}_{22} - \boldsymbol{A}_{21} \cdot \boldsymbol{A}_{11}^{-1} \cdot \boldsymbol{A}_{12}) \cdot \boldsymbol{x}_2 - \boldsymbol{A}_{21} \cdot \boldsymbol{A}_{11}^{-1} \cdot \boldsymbol{u}_1 + \boldsymbol{u}_2 \\ &\quad = \boldsymbol{b}_2 - \boldsymbol{A}_{21} \cdot \boldsymbol{A}_{11}^{-1} \cdot \boldsymbol{b}_1 , \end{aligned} \tag{4.3 b}$$

$$\begin{aligned} &(\boldsymbol{c}_2^{\mathrm{T}} - \boldsymbol{c}_1^{\mathrm{T}} \cdot \boldsymbol{A}_{11}^{-1} \cdot \boldsymbol{A}_{12}) \cdot \boldsymbol{x}_2 - \boldsymbol{c}_1^{\mathrm{T}} \cdot \boldsymbol{A}_{11}^{-1} \cdot \boldsymbol{u}_1 \\ &\quad = Z - \boldsymbol{c}_1^{\mathrm{T}} \cdot \boldsymbol{A}_{11}^{-1} \cdot \boldsymbol{b}_1 . \end{aligned} \tag{4.3 c}$$

Die Gleichungen (4.3) gehören zur Endtabelle, und wir haben damit gefunden, daß diese die Gestalt

(4.4)

BV	$\boldsymbol{x}_1^{\mathrm{T}}$	$\boldsymbol{x}_2^{\mathrm{T}}$	$\boldsymbol{u}_1^{\mathrm{T}}$	$\boldsymbol{u}_2^{\mathrm{T}} =$	
$\boldsymbol{x}_1$	$\boldsymbol{E}$	$\boldsymbol{A}_{11}^{-1} \cdot \boldsymbol{A}_{12}$	$\boldsymbol{A}_{11}^{-1}$		$\boldsymbol{A}_{11}^{-1} \cdot \boldsymbol{b}_1$
$\boldsymbol{u}_2$		$\boldsymbol{A}_{22} - \boldsymbol{A}_{21} \cdot \boldsymbol{A}_{11}^{-1} \cdot \boldsymbol{A}_{12}$	$-\boldsymbol{A}_{21} \cdot \boldsymbol{A}_{11}^{-1}$	$\boldsymbol{E}$	$\boldsymbol{b}_2 - \boldsymbol{A}_{21} \cdot \boldsymbol{A}_{11}^{-1} \cdot$
		$\boldsymbol{c}_2^{\mathrm{T}} - \boldsymbol{c}_1^{\mathrm{T}} \cdot \boldsymbol{A}_{11}^{-1} \cdot \boldsymbol{A}_{12}$	$-\boldsymbol{c}_1^{\mathrm{T}} \cdot \boldsymbol{A}_{11}^{-1}$		$Z - \boldsymbol{c}_1^{\mathrm{T}} \cdot \boldsymbol{A}_{11}^{-1} \cdot$

hat. Aus dieser Tabelle läßt sich die zulässige Basislösung

$$\begin{pmatrix} \boldsymbol{x} \\ \boldsymbol{u} \end{pmatrix} = \begin{pmatrix} \boldsymbol{x}_1 \\ \boldsymbol{x}_2 \\ \boldsymbol{u}_1 \\ \boldsymbol{u}_2 \end{pmatrix} = \begin{pmatrix} \boldsymbol{A}_{11}^{-1} \cdot \boldsymbol{b}_1 \\ \boldsymbol{o} \\ \boldsymbol{o} \\ \boldsymbol{b}_2 - \boldsymbol{A}_{21} \cdot \boldsymbol{A}_{11}^{-1} \cdot \boldsymbol{b}_1 \end{pmatrix}$$

ablesen. (Durch Einsetzen in (4.2 a, b) stellt man fest, daß dies eine Lösung der Restriktionen ist.) Durch Einsetzen in die Zielfunktion

$$Z = \boldsymbol{c}_1^{\mathrm{T}} \cdot \boldsymbol{x}_1 + \boldsymbol{c}_2^{\mathrm{T}} \cdot \boldsymbol{x}_2$$

erkennt man weiterhin, daß für diese Basislösung

$$Z = \boldsymbol{c}_1^{\mathrm{T}} \cdot \boldsymbol{A}_{11}^{-1} \cdot \boldsymbol{b}_1$$

gilt. Andererseits erhält man durch Einsetzen der Basislösung in die zur letzten Zeile der Tabelle gehörige Gleichung (4.3c) ebenfalls

$$Z - \boldsymbol{c}_1^{\mathrm{T}} \cdot \boldsymbol{A}_{11}^{-1} \cdot \boldsymbol{b}_1 = 0 .$$

An dieser Stelle wird deutlich, welche Bedeutung die Einbeziehung der letzten Zeile der Simplextabellen in die Simplexschritte hat. Zunächst gilt, wie wir sahen, die folgende Bemerkung.

(4.5) Bemerkung. Für die aus einer beliebigen Simplextabelle ablesbare Basislösung gilt $Z = \zeta$, wenn $Z - \zeta$ das letzte Element der Tabelle ist.

Darüber hinaus gilt aber die folgende Aussage.

(4.6) Satz.

a) *Steht in der letzten Zeile einer Simplextabelle keine positive Zahl (abgesehen vom letzten Element), so ist die aus der Tabelle ablesbare zulässige Basislösung eine optimale Lösung der LO-Aufgabe.*

b) *Stehen in der letzten Zeile einer Simplextabelle in den Spalten aller Nichtbasisvariablen negative Zahlen, so ist die aus der Tabelle ablesbare zulässige Basislösung die einzige optimale Lösung der LO-Aufgabe.*

Beweis zu a). Nach Voraussetzung gilt in der Endtabelle (4.4)

$$\boldsymbol{c}_2^{\mathrm{T}} - \boldsymbol{c}_1^{\mathrm{T}} \cdot \boldsymbol{A}_{11}^{-1} \cdot \boldsymbol{A}_{12} \leqq \boldsymbol{o}^{\mathrm{T}} \quad \text{und} \quad -\boldsymbol{c}_1^{\mathrm{T}} \cdot \boldsymbol{A}_{11}^{-1} \leqq \boldsymbol{o}^{\mathrm{T}},$$

d. h.

$$\boldsymbol{c}_2^{\mathrm{T}} \leqq \boldsymbol{c}_1^{\mathrm{T}} \cdot \boldsymbol{A}_{11}^{-1} \cdot \boldsymbol{A}_{12} \quad \text{und} \quad \boldsymbol{c}_1^{\mathrm{T}} \cdot \boldsymbol{A}_{11}^{-1} \geqq \boldsymbol{o}^{\mathrm{T}}.$$

Es sei

$$\begin{pmatrix} \boldsymbol{x}_1 \\ \boldsymbol{x}_2 \end{pmatrix} = \begin{pmatrix} \boldsymbol{\xi}_1 \\ \boldsymbol{\xi}_2 \end{pmatrix}$$

eine beliebige zulässige Lösung der gegebenen LO-Aufgabe, so daß insbesondere (vgl. (4.2a))

$$\text{(4.7)} \qquad \boldsymbol{A}_{11} \cdot \boldsymbol{\xi}_1 + \boldsymbol{A}_{12} \cdot \boldsymbol{\xi}_2 \leqq \boldsymbol{b}_1$$

gilt. Z hat den Wert $\boldsymbol{c}_1^{\mathrm{T}} \cdot \boldsymbol{\xi}_1 + \boldsymbol{c}_2^{\mathrm{T}} \cdot \boldsymbol{\xi}_2$, und es ist zu beweisen, daß dieser höchstens gleich $\boldsymbol{c}_1^{\mathrm{T}} \cdot \boldsymbol{A}_{11}^{-1} \cdot \boldsymbol{b}_1$ ist. Das leisten die folgenden

Relationen:

$$(4.8)\quad \boldsymbol{c}_1^{\mathrm{T}} \cdot \xi_1 + \boldsymbol{c}_2^{\mathrm{T}} \cdot \xi_2 \leqq \boldsymbol{c}_1^{\mathrm{T}} \cdot \xi_1 + \boldsymbol{c}_1^{\mathrm{T}} \cdot \boldsymbol{A}_{11}^{-1} \cdot \boldsymbol{A}_{12} \cdot \xi_2$$

$$(\text{wegen } \boldsymbol{c}_2^{\mathrm{T}} \leqq \boldsymbol{c}_1^{\mathrm{T}} \cdot \boldsymbol{A}_{11}^{-1} \cdot \boldsymbol{A}_{12} \text{ und } \xi_2 \geqq \boldsymbol{o})$$

$$= \boldsymbol{c}_1^{\mathrm{T}} \cdot \boldsymbol{A}_{11}^{-1} \cdot \boldsymbol{A}_{11} \cdot \xi_1 + \boldsymbol{c}_1^{\mathrm{T}} \cdot \boldsymbol{A}_{11}^{-1} \cdot \boldsymbol{A}_{12} \cdot \xi_2$$

$$= \boldsymbol{c}_1^{\mathrm{T}} \cdot \boldsymbol{A}_{11}^{-1} \cdot (\boldsymbol{A}_{11} \cdot \xi_1 + \boldsymbol{A}_{12} \cdot \xi_2)$$

$$\leqq \boldsymbol{c}_1^{\mathrm{T}} \cdot \boldsymbol{A}_{11}^{-1} \cdot \boldsymbol{b}_1$$

$$(\text{wegen } \boldsymbol{c}_1^{\mathrm{T}} \cdot \boldsymbol{A}_{11}^{-1} \geqq \boldsymbol{o}^{\mathrm{T}} \text{ und } (4.7)).$$

Beweis zu b). Hier gilt die schärfere Voraussetzung

$$\boldsymbol{c}_2^{\mathrm{T}} < \boldsymbol{c}_1^{\mathrm{T}} \cdot \boldsymbol{A}_{11}^{-1} \cdot \boldsymbol{A}_{12} \quad \text{und} \quad \boldsymbol{c}_1^{\mathrm{T}} \cdot \boldsymbol{A}_{11}^{-1} > \boldsymbol{o}^{\mathrm{T}}.$$

Die Überlegungen im Beweis zu a) gelten natürlich auch in diesem Fall, d. h., die aus (4.4) ablesbare zulässige Basislösung

$$\begin{pmatrix} \boldsymbol{x}_1 \\ \boldsymbol{x}_2 \end{pmatrix} = \begin{pmatrix} \boldsymbol{A}_{11}^{-1} \cdot \boldsymbol{b}_1 \\ \boldsymbol{o} \end{pmatrix} \quad \text{mit } Z = \boldsymbol{c}_1^{\mathrm{T}} \cdot \boldsymbol{A}_{11}^{-1} \cdot \boldsymbol{b}_1$$

ist eine optimale Lösung. Zu beweisen ist, daß eine beliebige zulässige Lösung

$$\begin{pmatrix} \boldsymbol{x}_1 \\ \boldsymbol{x}_2 \end{pmatrix} = \begin{pmatrix} \xi_1 \\ \xi_2 \end{pmatrix},$$

für die

$$Z = \boldsymbol{c}_1^{\mathrm{T}} \cdot \xi_1 + \boldsymbol{c}_2^{\mathrm{T}} \cdot \xi_2 = \boldsymbol{c}_1^{\mathrm{T}} \cdot \boldsymbol{A}_{11}^{-1} \cdot \boldsymbol{b}_1$$

ist, mit jener übereinstimmt.

Bei Bestehen der letzten Gleichung müssen in (4.8) an Stelle der beiden $\leqq$-Zeichen ebenfalls Gleichheitszeichen stehen. Für das erste $\leqq$-Zeichen kann dies wegen $\boldsymbol{c}_2^{\mathrm{T}} < \boldsymbol{c}_1^{\mathrm{T}} \cdot \boldsymbol{A}_{11}^{-1} \cdot \boldsymbol{A}_{12}$ nur geschehen, wenn

$$\xi_2 = \boldsymbol{o}$$

gilt. Für das andere $\leqq$-Zeichen kann dies wegen $\boldsymbol{c}_1^{\mathrm{T}} \cdot \boldsymbol{A}_{11}^{-1} > \boldsymbol{o}^{\mathrm{T}}$ nur geschehen, wenn

$$\boldsymbol{A}_{11} \cdot \xi_1 + \boldsymbol{A}_{12} \cdot \xi_2 = \boldsymbol{b}_1,$$

also $\boldsymbol{A}_{11} \cdot \xi_1 = \boldsymbol{b}_1$, d. h. $\xi_1 = \boldsymbol{A}_{11}^{-1} \cdot \boldsymbol{b}_1$ gilt. Das Bestehen der Gleichungen $\xi_1 = \boldsymbol{A}_{11}^{-1} \cdot \boldsymbol{b}_1$ und $\xi_2 = \boldsymbol{o}$ war zu beweisen.

Eine Simplextabelle, deren letzte Zeile (abgesehen vom letzten Element) keine positive Zahl enthält, heiße fortan *optimale Tabelle.*

(4.9) Satz. *Von der Ausgangstabelle einer LO-Aufgabe gelangt man in endlich vielen Simplexschritten zu einer optimalen Tabelle, wenn stets die Annahme* (3.3) *erfüllt ist und die rechten Seiten der Hauptzeilen ungleich Null sind.*

Beweis. Steht in der letzten Zeile einer Simplextabelle eine positive Zahl c in der Spalte der Nichtbasisvariablen v, so läßt sich, da die Gültigkeit von (3.3) im Satz vorausgesetzt wird, der Simplex-

Tabelle 24

BV	v	=
w	a^*	b
	c	$Z - \zeta$
v	1	$\frac{b}{a}$
$-c)$	0	$Z - \zeta - c \cdot \frac{b}{a}$

schritt zur Variablen v durchführen. Einige Stellen hiervon sind durch Tabelle 24 herausgehoben; dabei sind a, b und c positiv, und der Wert von Z hat sich somit beim Übergang zu der neuen zulässigen Basislösung um $c \cdot \frac{b}{a}$ vergrößert (s. Bemerkung (4.5)). Bei jedem Simplexschritt vergrößert sich demnach der Wert von Z, und dadurch ist ausgeschlossen, daß man eine einmal erreichte zulässige Basislösung nach einigen Simplexschritten wieder erreicht. Man gelangt stets zu neuen zulässigen Basislösungen. Nun kann man aus den $n + m$ Variablen $x_1, \ldots, x_n$, $u_1, \ldots, u_m$ nur in einer endlichen Anzahl von Möglichkeiten m Basisvariablen auswählen $\left(\text{höchstens } \binom{n+m}{m} \text{ Möglichkeiten}\right)$, so daß es auch nur endlich viele verschiedene Basislösungen gibt. Man muß daher von der Ausgangstabelle in endlich vielen Simplexschritten zu einer Tabelle kommen, die in der letzten Zeile keine positive Zahl mehr enthält.

5. Sonderfälle

Satz (4.9) macht eine Aussage über den Verlauf der Simplexmethode im „gewöhnlichen“ Fall. Zu überlegen bleibt, welche Aussagen gemacht werden können, wenn folgende Sonderfälle eintreten.

(5.1) In der Hauptzeile des Simplexschrittes ist die rechte Seite gleich Null.

Wir wollen dieses Problem nicht untersuchen, sondern zur Kenntnis nehmen, daß in der Praxis die hierbei theoretisch möglichen Schwierigkeiten (vgl. Beweis von Satz (4.9)) nur bei besonders dafür konstruierten Beispielen beobachtet wurden.

(5.2) In einer erreichten Simplextabelle ist für den nächsten Simplexschritt die Annahme (3.3) nicht erfüllt.

Ist dabei die Zahl c in der letzten Zeile der v-Spalte positiv, so erkennt man ohne Mühe, daß die LO-Aufgabe zulässige Lösungen mit beliebig großem Wert von v und Z, aber daher keine optimale Lösung besitzt. Für $c = 0$ sind wir dagegen bei der in Satz (4.6a) noch offenen Frage, wieviel optimale Lösungen es gibt, wenn in einer optimalen Tabelle in Spalten von Nichtbasisvariablen Nullen stehen. Wir wollen uns hier ausdrücklich auf Bemerkungen zu folgendem Sonderfall beschränken:

(5.3) In der letzten Zeile einer optimalen Tabelle steht bei genau einer Nichtbasisvariablen v die Zahl 0.

(5.4) Satz.

a) *Gilt in der v-Spalte die Annahme* (3.3) *nicht, so besitzt die LO-Aufgabe unendlich viele optimale Lösungen.*

b) *Gilt in der v-Spalte die Annahme* (3.3) *und gelangt man durch den Simplexschritt zur Variablen v von der Basislösung $x = \xi$ zur Basislösung $x = \eta$, so besitzt die LO-*

Aufgabe die optimalen Lösungen

$$\boldsymbol{x} = \boldsymbol{\xi} \cdot t + \boldsymbol{\eta} \cdot (1 - t) \quad (mit\ 0 \leqq t \leqq 1).$$

(*Das sind unendlich viele Lösungen, wenn die rechte Seite der Hauptzeile ungleich Null war; sonst ist* $\boldsymbol{x} = \boldsymbol{\xi} = \boldsymbol{\eta}$ *einzige Lösung.*)

Beweis. Wie bei (5.2) erkennt man für a), daß es zulässige Lösungen mit beliebigem nichtnegativem Wert von v gibt, die aber alle denselben optimalen Z-Wert liefern. Für b) ist $Z = \mathbf{c}^\mathrm{T} \cdot \boldsymbol{\xi} = \mathbf{c}^\mathrm{T} \cdot \boldsymbol{\eta}$, und auch

$$\boldsymbol{x} = \boldsymbol{\xi} \cdot t + \boldsymbol{\eta} \cdot (1 - t) \tag{5.5}$$

sind für $0 \leqq t \leqq 1$ zulässige Lösungen mit demselben Wert von Z:

$$\mathbf{c}^\mathrm{T} \cdot \bigl(\boldsymbol{\xi} \cdot t + \boldsymbol{\eta} \cdot (1 - t)\bigr) = \mathbf{c}^\mathrm{T} \cdot \boldsymbol{\xi} \cdot t + \mathbf{c}^\mathrm{T} \cdot \boldsymbol{\xi} \cdot (1 - t) = \mathbf{c}^\mathrm{T} \cdot \boldsymbol{\xi}.$$

In der Lösung $\boldsymbol{x} = \boldsymbol{\xi}$ hat v den Wert 0, in $\boldsymbol{x} = \boldsymbol{\eta}$ nach Satz (3.4b) den größtmöglichen Wert; in (5.5) liegen die Werte von v zwischen diesen beiden.

Mit Berücksichtigung dieser Sonderfälle kann der Ablauf der Simplexmethode für Normalaufgaben durch Abb. 11 zusammengefaßt werden.

6. Gleichheitszeichen und $\geqq$-Zeichen in den Restriktionen

Restriktionen mit $\geqq$-Zeichen können grundsätzlich in solche mit Gleichheitszeichen übergeführt werden, indem zusätzliche Variablen eingeführt werden: Statt

$$a_1 x_1 + a_2 x_2 + \cdots + a_n x_n \geqq b$$

wird

$$a_1 x_1 + a_2 x_2 + \cdots + a_n x_n - y = b$$

genommen. Als Aufgabe bleibt daher lediglich noch die Behandlung von Restriktionen mit Gleichheitszeichen übrig.

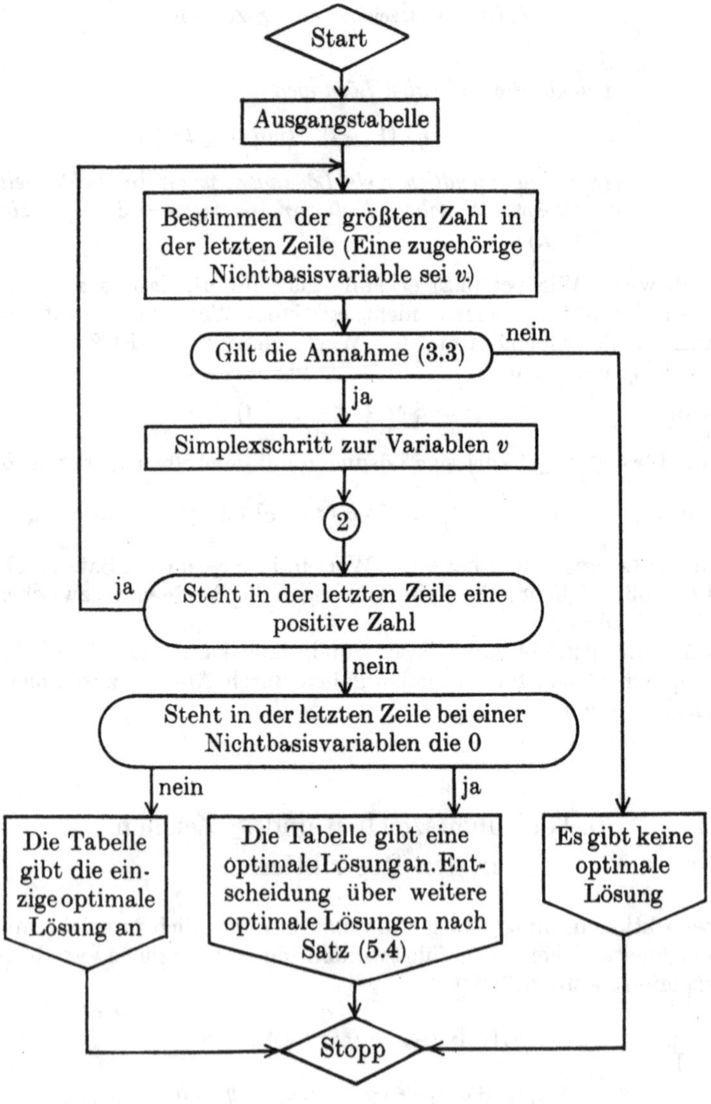

Abb. 11. Flußbild zur Simplexmethode für Normalaufgaben. Gegeben ist eine Normalaufgabe (3.1). (Der Konnektor ② hat für Abschnitt 6 Bedeutung.)

Gegeben sei die LO-Aufgabe

$$(6.1)\qquad \begin{aligned} x_1 - 2x_2 + x_3 &\leqq 5,\\ x_1 + 3x_2 + 3x_3 &= 33,\\ x_1 + x_2 + 2x_3 &= 21,\\ Z = 5x_1 - 7x_2 + 3x_3&. \end{aligned}$$

Bringt man wie bei Normalaufgaben die erste Restriktion durch Einführung der Schlupfvariablen u_1 auf Gleichungsform, so unterscheidet sich das entstandene Gleichungssystem der Restriktionen gegenüber denen bei Normalaufgaben in folgendem: Es sind noch keine drei Basisvariablen bekannt, nach denen es aufgelöst ist, so daß auch nicht unmittelbar eine erste zulässige Basislösung angegeben werden kann. Im Gegensatz zu den Normalaufgaben tritt hier tatsächlich auch die Frage auf, ob es überhaupt eine zulässige Lösung gibt. Die Simplexmethode soll daher so erweitert werden (durch eine erste Phase), daß das Gleichungssystem der Restriktionen nach gewissen Basisvariablen aufgelöst und eine zulässige Basislösung angegeben bzw. entschieden wird, daß es keine zulässige Lösung gibt, es sich also um eine unlösbare LO-Aufgabe handelt. Tritt der erste Fall ein, so kann die Aufgabe anschließend wie bisher weiterbehandelt werden (zweite Phase).

Neben der Aufgabe (6.1) wird dazu folgende Normalaufgabe betrachtet:

$$(6.2)\qquad \begin{aligned} x_1 - 2x_2 + x_3 &\leqq 5,\\ x_1 + 3x_2 + 3x_3 &\leqq 33,\\ x_1 + x_2 + 2x_3 &\leqq 21,\\ Z' = 2x_1 + 4x_2 + 5x_3&. \end{aligned}$$

Dabei sind die beiden Restriktionsgleichungen von (6.1) durch Ungleichungen ersetzt, und maximiert werden soll die Summe der linken Seiten dieser beiden Gleichungen; für zulässige Lösungen der Aufgabe (6.2) gilt daher $Z' \leqq 33 + 21 = 54$. Darüber hinaus gilt der folgende entscheidende Zusammenhang zwischen den beiden Aufgaben:

Besitzt (6.1) eine zulässige Lösung, so ist diese eine optimale Lösung von (6.2), weil $Z' = 54$ ist. Gilt demnach für eine optimale

Lösung von (6.2) $Z' < 54$, dann kann (6.1) keine zulässige Lösung besitzen. — Gilt dagegen für eine optimale Lösung von (6.2) $Z' = 54$, dann müssen die beiden letzten Restriktionen von (6.2) als Gleichungen erfüllt sein, d. h., es liegt eine zulässige Lösung von (6.1) vor.

Die Anwendung der Simplexmethode auf (6.2) ergibt Tabelle 25 und damit eine optimale Lösung mit $Z' = 54$, d. h. eine zulässige Lösung von (6.1). Sieht man von den Variablen u_2 und u_3 ab, so

Tabelle 25

	BV	x_1	x_2	x_3	u_1	u_2	u_3 =		
	u_1	1	−2	1*	1			5	5
	u_2	1	3	3		1		33	11
	u_3	1	1	2			1	21	$\frac{21}{2}$
		2	4	5				Z'	
	x_3	1	−2	1	1			5	—
−3)	u_2	−2	9*		−3	1		18	2
−2)	u_3	−1	5		−2		1	11	$\frac{11}{5}$
−5)		−3	14		−5			$Z' - 25$	
2)	x_3	$\frac{5}{9}$		1	$\frac{1}{3}$	$\frac{2}{9}$		9	$\frac{81}{5}$
	x_2	$-\frac{2}{9}$	1		$-\frac{1}{3}$	$\frac{1}{9}$		2	—
−5)	u_3	$\frac{1}{9}$*			$-\frac{1}{3}$	$-\frac{5}{9}$	1	1	9
−14)		$\frac{1}{9}$			$-\frac{1}{3}$	$-\frac{14}{9}$		$Z' - 53$	
$-\frac{5}{9}$)	x_3			1	2	3	−5	4	
$\frac{2}{9}$)	x_2		1		−1	−1	2	4	
	x_1	1			−3	−5	9	9	
$-\frac{1}{9}$)						−1	−1	$Z' - 54$	

ist außerdem das Gleichungssystem der Restriktionen von (6.1) nach den Basisvariablen x_1, x_2, x_3 aufgelöst. Um nun das Maximum der zu (6.1) gehörenden Zielfunktion zu bestimmen, ist es ratsam, auch diese Funktion in die Umformungen der bisher durchgeführten Simplexschritte einzubeziehen, damit aus ihrer Gleichung die Basisvariablen eliminiert werden. Außerdem sind zum Gang der Methode bis zu dieser Stelle noch einige Abänderungen sinnvoll.

Bei der Fortführung des Rechenganges muß darauf geachtet werden, daß u_2 und u_3 den Wert 0 behalten. Um daher nicht Gefahr zu laufen, daß sie wieder Basisvariablen werden, läßt man zweckmäßig ihre Spalten aus der Rechnung weg, sobald sie Nichtbasisvariablen geworden sind. Noch mehr: Da diese Spalten während

Tabelle 26

	BV	x_1	x_2	x_3	u_1	=	
	u_1	1	-2	1*	1	5	5
		1	3	3		33	11
		1	1	2		21	$\frac{21}{2}$
		5	-7	3		Z	
		2	4	5		Z'	
	x_3	1	-2	1	1	5	—
$-3)$		-2	9*		-3	18	2
$-2)$		-1	5		-2	11	$\frac{11}{5}$
$-3)$		2	-1		-3	$Z - 15$	
$-5)$		-3	14		-5	$Z' - 25$	
$2)$	x_3	$\frac{5}{9}$		1	$\frac{1}{3}$	9	$\frac{81}{5}$
	x_2	$-\frac{2}{9}$	1		$-\frac{1}{3}$	2	—
$-5)$		$\frac{1}{9}$*			$-\frac{1}{3}$	1	9
$1)$		$\frac{16}{9}$			$-\frac{10}{3}$	$Z - 13$	
$-14)$		$\frac{1}{9}$			$-\frac{1}{3}$	$Z' - 53$	
$-\frac{5}{9})$	x_3			1	2*	4	2
$\frac{2}{9})$	x_2		1		-1	4	—
	x_1	1			-3	9	—
$-\frac{16}{9})$					2	$Z - 29$	
$-\frac{1}{9})$						$Z' - 54$	
	u_1			$\frac{1}{2}$	1	2	
$1)$	x_2		1	$\frac{1}{2}$		6	
$3)$	x_1	1		$\frac{3}{2}$		15	
$-2)$				-1		$Z - 33$	

der Rechnung gar keine Rolle spielen, können sie von Anfang an fortbleiben! Man kann sich zwar die Variablen u_2 und u_3 eingeführt **denken** (zur Rückführung der Aufgabe (6.1) auf eine Normalaufgabe), braucht sie aber nicht aufzuschreiben; sie erscheinen daher auch nicht in der BV-Spalte. Mit diesen Festlegungen wird

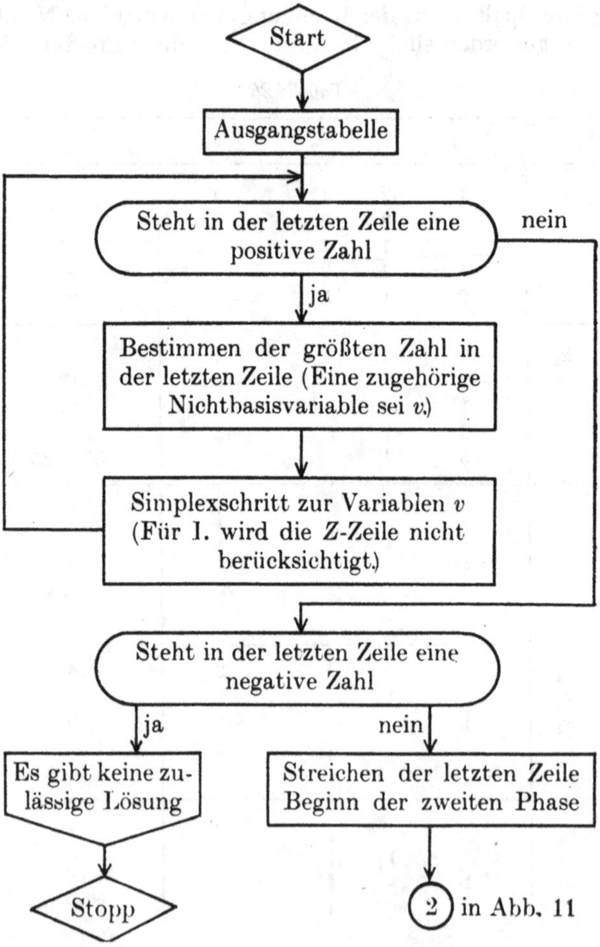

Abb. 12. Flußbild zur ersten Phase der Simplexmethode für Aufgaben, unter deren Restriktionen Gleichungen auftreten

die Aufgabe wie in Tabelle 26 gelöst; einzige optimale Lösung von (6.1) ist

$$\begin{pmatrix} x_1 \\ x_2 \\ x_3 \end{pmatrix} = \begin{pmatrix} 15 \\ 6 \\ 0 \end{pmatrix} \quad \text{mit} \quad Z = 33.$$

Für den allgemeinen Fall lassen sich Beschreibung und Begründung des Vorgehens vollständig in Analogie zu diesem Beispiel finden; wir verzichten daher auf Details und formulieren nur die Resultate. In der ersten Phase der Simplexmethode erscheint als letzte Zeile der Simplextabellen die sogenannte *sekundäre Zielfunktion* Z', die man durch Summierung der linken Seiten von den Restriktionen mit Gleichheitszeichen erhält.

(6.3) Satz. *Für die bezüglich Z' optimale Simplextabelle gilt (jeweils vom letzten Element abgesehen):*

a) *Stehen in der letzten Zeile nur Nullen, so liefert die Tabelle eine zulässige Basislösung der gegebenen LO-Aufgabe.*

b) *Steht in der letzten Zeile (mindestens) eine negative Zahl, so besitzt die LO-Aufgabe keine zulässige Lösung.*

Eine bezüglich Z' optimale Simplextabelle ist am Ende der ersten Phase gewonnen; Abb. 12 faßt das Vorgehen zusammen.

Aufgaben

1. Mit der Simplexmethode sind die optimalen Lösungen folgender Normalaufgaben zu bestimmen:

a) $$\begin{aligned} 2x_1 + 3x_2 &\leqq 12, \\ -x_1 + 3x_2 &\leqq 9, \\ x_1 &\leqq 3, \\ Z = 3x_1 + 4x_2 &\ \max! \end{aligned}$$

b) $$\begin{aligned} x_1 + x_2 + x_3 + x_4 &\leqq 12, \\ 2x_1 + x_2 + 2x_3 + x_4 &\leqq 15, \\ x_1 + 3x_2 + x_3 + 2x_4 &\leqq 9, \\ Z = x_1 + 2x_2 + 3x_3 + 4x_4 &\ \max! \end{aligned}$$

c) $$\begin{aligned} x_1 - 2x_2 + 2x_3 &\leqq 4, \\ -x_1 + x_2 + x_3 &\leqq 2, \\ -2x_1 + 4x_3 &\leqq 4, \\ Z = 2x_1 + x_2 + 4x_3 &\ \max! \end{aligned}$$

d) $$\begin{aligned} 4x_1 + 4x_2 &\leqq 28, \\ 2x_1 - \frac{1}{2}x_3 &\leqq 10, \\ -x_1 + 3x_2 + x_3 &\leqq 9, \\ Z = 2x_1 + 3x_2 + \frac{1}{4}x_3 &\ \max! \end{aligned}$$

2. Es sei

$$\boldsymbol{A} = \begin{pmatrix} 1 & 1 & 2 & 1 \\ 1 & 2 & -1 & 2 \\ 1 & 3 & -1 & 3 \\ 2 & 3 & 0 & -2 \end{pmatrix} = (a_{ik}),$$

$$\boldsymbol{b} = \begin{pmatrix} 7 \\ 8 \\ 12 \\ 16 \end{pmatrix}, \quad \boldsymbol{c} = \begin{pmatrix} 4 \\ 5 \\ 4 \\ 4 \end{pmatrix},$$

$$\boldsymbol{A}_{11} = \begin{pmatrix} 1 & 1 \\ 1 & 2 \end{pmatrix} = \begin{pmatrix} a_{11} & a_{12} \\ a_{21} & a_{22} \end{pmatrix}.$$

$\boldsymbol{A}_{11}$ liefert eine Einteilung für die Ausgangstabelle der LO-Aufgabe $\boldsymbol{A} \cdot \boldsymbol{x} \leqq \boldsymbol{b}$, $Z = \boldsymbol{c}^{\mathrm{T}} \cdot \boldsymbol{x}$ max!, $\boldsymbol{x} \geqq \boldsymbol{o}$. Man bilde die zugehörige Endtabelle.

Zum Vergleich löse man diese LO-Aufgabe nach der Simplexmethode.

3. Man bestimme jeweils alle optimalen Lösungen der folgenden LO-Aufgaben:

a)
$$\begin{aligned} x_1 + x_2 + 2x_3 &\leqq 9, \\ -x_1 + x_2 + x_3 &\leqq 4, \\ x_1 + 2x_2 + x_3 &= 7, \\ 2x_1 + x_2 + x_3 &= 8, \\ Z = x_1 + 2x_2 + 3x_3 &\text{ max!} \end{aligned}$$

b)
$$\begin{aligned} x_1 + 2x_2 &\leqq 4, \\ 2x_2 + x_3 &= 10, \\ x_1 + x_2 &= 6, \\ Z = -x_1 + 2x_2 + 2x_3 &\text{ max!} \end{aligned}$$

c)
$$\begin{aligned} x_1 + x_2 + 2x_3 &\leqq 9, \\ -x_1 + x_2 + x_3 &\leqq 4, \\ x_1 + 2x_2 + x_3 &= 7, \\ 2x_1 + x_2 + x_3 &= 8, \\ Z = 3x_1 + 3x_2 + 2x_3 &\text{ max!} \end{aligned}$$

4. Aus den Futtermitteln F_1, F_2, F_3, F_4 soll eine möglichst billige Futtermischung hergestellt werden, die jedoch gewisse Mindestmengen an Wirkstoffen W_1, W_2, W_3 enthält; folgende Daten sind gegeben:

	pro Einheit F_1	F_2	F_3	F_4	Mindestmenge in der Mischung
Einheiten von W_1	0,5	0,2	1,0	0,3	10
W_2	1,0	0	0,4	0,5	15
W_3	0,2	0,5	0	0,2	5
Preis in WE	20	6	33	10	

5. Gegeben sei die LO-Aufgabe $\boldsymbol{A} \cdot \boldsymbol{x} \leqq \boldsymbol{b}$, $Z = \boldsymbol{c}^{\mathrm{T}} \cdot \boldsymbol{x}$ max!
Man beweise:

a) Sind $\boldsymbol{x} = \boldsymbol{\xi}_1$ und $\boldsymbol{x} = \boldsymbol{\xi}_2$ zulässige (bzw. optimale) Lösungen, so sind auch $\boldsymbol{x} = \boldsymbol{\xi}_1 \cdot t + \boldsymbol{\xi}_2 \cdot (1 - t)$ mit $0 \leqq t \leqq 1$ zulässige (bzw. optimale Lösungen.

b) Sind

(1) $$\boldsymbol{x} = \boldsymbol{\xi}_1, \ldots, \boldsymbol{x} = \boldsymbol{\xi}_n$$

zulässige Lösungen, so sind auch

(2) $$\boldsymbol{x} = \boldsymbol{\xi}_1 \cdot t_1 + \cdots + \boldsymbol{\xi}_n \cdot t_n$$

mit $t_1 \geqq 0, \ldots, t_n \geqq 0$, $t_1 + \cdots + t_n = 1$ zulässige Lösungen (Verallgemeinerung von a).

c) Ist z_0 der größte Wert, den die Zielfunktion Z für die zulässigen Lösungen (1) annimmt, so gilt $Z \leqq z_0$ auch für alle zulässigen Lösungen (2).

d) Es sei $\boldsymbol{A}$ (quadratisch und) regulär und $\boldsymbol{x} = \boldsymbol{A}^{-1} \cdot \boldsymbol{b}$ $(= \boldsymbol{\xi})$ eine zulässige Lösung; dann ist $\boldsymbol{\xi} = \boldsymbol{\xi}_1 \cdot \frac{1}{2} + \boldsymbol{\xi}_2 \cdot \frac{1}{2}$ mit zulässigen Lösungen $\boldsymbol{x} = \boldsymbol{\xi}_1$ und $\boldsymbol{x} = \boldsymbol{\xi}_2$ nur für $\boldsymbol{\xi}_1 = \boldsymbol{\xi}_2 = \boldsymbol{\xi}$ möglich.

6. Zu jeder LO-Aufgabe (in diesem Zusammenhang *primale* Aufgabe genannt)

$$\boldsymbol{A} \cdot \boldsymbol{x} \leqq \boldsymbol{b}, \quad \boldsymbol{x} \geqq \boldsymbol{o},$$
$$Z = \boldsymbol{c}^{\mathrm{T}} \cdot \boldsymbol{x} \text{ max!}$$

(dabei ist $\boldsymbol{b} \geqq \boldsymbol{o}$ nicht gefordert) gehört eine sogenannte *duale* Aufgabe

$$\boldsymbol{A}^{\mathrm{T}} \cdot \boldsymbol{y} \geqq \boldsymbol{c}, \quad \boldsymbol{y} \geqq \boldsymbol{o},$$
$$V = \boldsymbol{b}^{\mathrm{T}} \cdot \boldsymbol{y} \text{ min!}$$

Folgende Sätze sind zu beweisen:

a) Wenn die primale und die duale Aufgabe zulässige Lösungen besitzen, gilt für beliebige zulässige Lösungen $Z \leqq V$.

b) Sind $\boldsymbol{x} = \boldsymbol{\xi}$ bzw. $\boldsymbol{y} = \boldsymbol{\eta}$ zulässige Lösungen der primalen bzw. dualen Aufgabe und ist $\boldsymbol{c}^{\mathrm{T}} \cdot \boldsymbol{\xi} = \boldsymbol{b}^{\mathrm{T}} \cdot \boldsymbol{\eta}$ (d. h. $Z = V$), so ist $\boldsymbol{x} = \boldsymbol{\xi}$ optimale Lösung der primalen und $\boldsymbol{y} = \boldsymbol{\eta}$ optimale Lösung der dualen Aufgabe.

VI. Eine Lösungsmethode für Transportprobleme

1. Ausgangstabelle, Diagonalmethode, Turmzüge

Die Aufgabenstellung des allgemeinen *Transportproblems* lautet: Gegeben sind m positive Zahlen a_i, n positive Zahlen b_k mit $\sum_{i=1}^{m} a_i = \sum_{k=1}^{n} b_k$ und $m \cdot n$ Zahlen c_{ik}. Gesucht sind die optimalen Lösungen der LO-Aufgabe

$$
\begin{aligned}
(1.1) \qquad & x_{11} + x_{12} + \cdots + x_{1n} = a_1 , \\
& x_{21} + x_{22} + \cdots + x_{2n} = a_2 , \\
& \cdots\cdots\cdots\cdots\cdots\cdots \\
& x_{m1} + x_{m2} + \cdots + x_{mn} = a_m , \\
& x_{11} + x_{21} + \cdots + x_{m1} = b_1 , \\
& x_{12} + x_{22} + \cdots + x_{m2} = b_2 , \\
& \cdots\cdots\cdots\cdots\cdots\cdots \\
& x_{1n} + x_{2n} + \cdots + x_{mn} = b_n , \\
& Z = c_{11}x_{11} + c_{12}x_{12} + \cdots + c_{1n}x_{1n} \\
& \qquad + c_{21}x_{21} + c_{22}x_{22} + \cdots + c_{2n}x_{2n} \\
& \qquad + \cdots\cdots\cdots\cdots\cdots\cdots \\
& \qquad + c_{m1}x_{m1} + c_{m2}x_{m2} + \cdots + c_{mn}x_{mn} .
\end{aligned}
$$

Diese LO-Aufgabe ist das mathematische Modell des Problems, den Transport eines homogenen Produktes von m Aufkommensorten A_i mit dem jeweiligen Aufkommen a_i nach n Bedarfsorten B_k mit dem jeweiligen Bedarf b_k neu einzurichten, so daß der erzielte Gewinn Z maximal wird. (Vorausgesetzt wird dabei, daß Gesamtaufkommen und Gesamtbedarf gleich groß sind.) Durch c_{ik} ist der Gewinn je Einheit des Produktes beim Transport von A_i nach B_k gegeben. Die Werte der x_{ik} geben die Einheiten des Produktes an, die von A_i nach B_k transportiert werden.

Transportprobleme können wie jede LO-Aufgabe nach der Simplexmethode gelöst werden. Da sie aber eine besondere Gestalt haben — die Restriktionen sind in Gleichungsform gegeben, und in ihnen treten als Faktoren der Variablen (in systematischer Weise) nur die Zahlen 1 oder 0 auf — soll eine besondere Methode angewandt werden, die den Rechen- und Schreibaufwand gegenüber der Simplexmethode vermindert. Ein spezielles Transportproblem ist Beispiel 1 aus V.1., und wir werden die Methode an diesem Beispiel erklären, aber gleichzeitig jeweils Hinweise auf den allgemeinen Fall geben.

Die Restriktionen lassen sich in übersichtlicher Form darstellen, wenn man die Variablen x_{ik} in Matrixform anordnet, die a_i als Randspalte und die b_k als Randzeile dazufügt:

(1.2)
$$\begin{array}{cccc|c} x_{11} & x_{12} & \cdots & x_{1n} & a_1 \\ x_{21} & x_{22} & \cdots & x_{2n} & a_2 \\ \cdots & \cdots & \cdots & \cdots & \cdot \\ x_{m1} & x_{m2} & \cdots & x_{mn} & a_m \\ \hline b_1 & b_2 & \cdots & b_n & \end{array}$$

(Die Summe der i-ten Zeile von (x_{ik}) ist gleich a_i und die Summe der k-ten Spalte gleich b_k.)

Folgende Tabelle wird als *Ausgangstabelle* bezeichnet:

(1.3)
$$\begin{array}{cccc|c} c_{11} & c_{12} & \cdots & c_{1n} & a_1 \\ c_{21} & c_{22} & \cdots & c_{2n} & a_2 \\ \cdots & \cdots & \cdots & \cdots & \cdot \\ c_{m1} & c_{m2} & \cdots & c_{mn} & a_m \\ \hline b_1 & b_2 & \cdots & b_n & \end{array}$$

Sie enthält alle gegebenen Zahlen des Transportproblems in übersichtlicher Form, und durch (1.3) betrachten wir die Aufgabenstellung des Transportproblems als formuliert; die Bedeutung der Zahlen in der Ausgangstabelle geht aus (1.1) hervor, aber diese Bedeutung wird als selbstverständlich bekannt angenommen. Ausgangstabelle für das Beispiel aus V.1. ist

(1.4)
$$\begin{array}{rrr|r} 7 & 0 & 5 & 120 \\ -6 & 5 & -2 & 80 \\ \hline 10 & 120 & 70 & \end{array}$$

Die Bestimmung einer ersten zulässigen Basislösung geschieht nach der sogenannten *Diagonalmethode*:

Wird die Variable x_{ik} Basisvariable, so wird ihr unter Berücksichtigung der Werte aller schon bestimmten Variablen der größtmögliche Wert gegeben (so daß die Zeilensumme[1]) a_i oder die Spaltensumme b_k erreicht wird.)

x_{11} wird Basisvariable.

Hat x_{mn} noch keinen Wert und wird durch den Wert der zuletzt bestimmten Basisvariablen x_{ik}

a) die Zeilensumme erreicht, dann erhalten alle noch nicht bestimmten Variablen derselben Zeile den Wert 0, und die nächste Basisvariable wird $x_{i+1,k}$ (in der nächsten Zeile derselben Spalte); oder wird

b) die Spaltensumme erreicht und die Zeilensumme nicht, dann erhalten alle noch nicht bestimmten Variablen derselben Spalte den Wert 0, und die nächste Basisvariable wird $x_{i,k+1}$ (in der nächsten Spalte derselben Zeile).

Im Beispiel wird x_{11} Basisvariable und erhält den Wert 10; dabei wird die Spaltensumme und nicht die Zeilensumme erreicht:

10			120
0			80
10	120	70	

Dann wird x_{12} Basisvariable und erhält den Wert 110; dabei wird die Zeilensumme erreicht:

10	110	0	120
0			80
10	120	70	

Nachdem x_{22} als Basisvariable den Wert 10 erhalten hat, wird schließlich x_{23} Basisvariable und erhält den Wert 70, wodurch die letzte Zeilensumme und die letzte Spaltensumme erreicht wird:

(1.5)

10	110	0	120
0	10	70	80
10	120	70.	

[1]) Die Redeweise bezieht sich stets auf (1.2).

Jetzt muß geprüft werden, ob die gewonnene zulässige Basislösung optimale Lösung ist oder nicht. Es ist z. B. möglich, eine zulässige Lösung anzugeben, in der die Variable x_{21} (bisher Nichtbasisvariable) den Wert p hat:

(1.6)

$10 - p$	$110 + p$	0	120
p	$10 - p$	70	80
10	120	70	

Die in ihrem Wert gegenüber der ersten zulässigen Basislösung abgeänderten Variablen liegen auf einem „geschlossenen Weg", der das Feld der Nichtbasisvariablen x_{21} enthält und sonst abwechselnd horizontal und vertikal in der Gangart eines Turmes beim Schachspiel über mit Basisvariablen besetzte Felder führt. Die Bestimmung solcher „Wege" wird ein wiederkehrender Teilschritt der Methode sein, und wir geben daher hier folgende

Definition. Ein *Turmzug* zur Nichtbasisvariablen x_{ik} ist eine endliche Folge von Variablen in (1.2). Erstes Element dieser Folge ist x_{ik}, die übrigen Elemente sind Basisvariablen. Je zwei aufeinanderfolgende Elemente der Folge sowie das letzte und erste liegen abwechselnd in derselben Zeile oder derselben Spalte von (1.2).

Die Aufstellung von (1.6) kann nach dieser Definition so beschrieben werden: Man bestimme in (1.5) den Turmzug zur Variablen x_{21} und ändere auf diesem Turmzug die erste und dritte Variable (d. h. die mit ungerader Nummer) um $+p$, die zweite und vierte Variable (d. h. die mit gerader Nummer) um $-p$. Die Entscheidung darüber, wie groß p gewählt werden soll, fällt, wenn man beachtet, wie sich der Wert von Z beim Übergang von Lösung (1.5) nach Lösung (1.6) ändert, nämlich um

$$(c_{21} - c_{22} + c_{12} - c_{11})\, p,$$

d. h. um $-18p$. Es ist daher nicht ratsam, p positiv zu wählen, und x_{21} als Basisvariable einzuführen.

Wir versuchen es mit x_{13}, bestimmen den zugehörigen Turmzug in (1.5) und ändern die Variablen mit ungerader Nummer um p, die mit gerader Nummer um $-p$:

10	$110 - p$	p	120
0	$10 + p$	$70 - p$	80
10	120	70	

Der Wert von Z würde sich hierbei um

$$(c_{13} - c_{12} + c_{22} - c_{23})\, p,$$

d. h. um $12p$ ändern; darum wird man p möglichst groß wählen. Damit die Lösung zulässig bleibt, also keine Variable einen negativen Wert erhält, muß p gleich dem Minimum der Werte von den Variablen mit gerader Nummer auf dem Turmzug zu x_{13} gewählt werden: p = Minimum von 110, 70, d. h. $p = 70$. Daher wird x_{13} an Stelle von x_{23} Basisvariable, und die neue zulässige Basislösung erkennt man in

(1.7)

10	40	70	120
0	80	0	80
10	120	70	

Das Verfahren, mit dem wir von der Lösung (1.5) zur Lösung (1.7) gelangt sind, kann verbessert werden, so daß der unnötige Schritt (1.6) nicht gemacht werden muß. (Wenn ein Transportproblem eine größere Anzahl von Variablen enthält, ist es sehr umständlich, die Turmzüge zu allen Nichtbasisvariablen zu untersuchen.)

2. Transporttabellen, Austauschschritte

Jeder Zeile von (1.2) wird eine Variable u_i $(i = 1(1)m)$ und jeder Spalte eine Variable v_k $(k = 1(1)n)$ zugeordnet. Werte dieser Variablen sollen so bestimmt werden, daß auf den Feldern der Basisvariablen x_{ik} die Gleichungen

$$u_i + v_k = c_{ik} \tag{2.1}$$

erfüllt sind (s. Abb. 13). Eine Lösung dieses Gleichungssystems

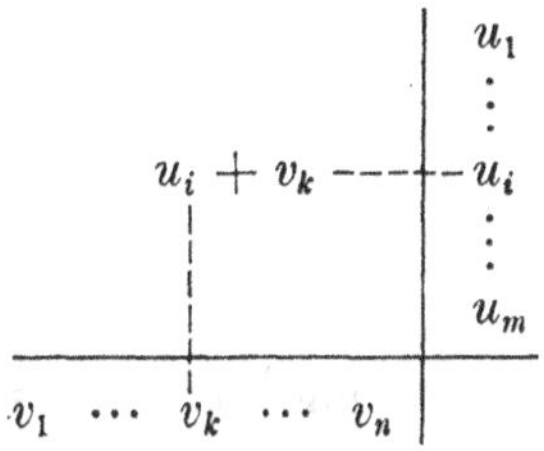

($u_i + v_k = c_{ik}$ auf den Feldern der Basisvariablen)

Abb. 13

kann stets bestimmt werden, indem der Wert einer Variablen sogar willkürlich festgelegt wird (etwa $u_1 = 0$). Zu den in (1.5) angezeigten Basisvariablen unseres Beispiels gehört folgendes Gleichungssystem (2.1): In der Tabelle

(2.2)

7	0		u_1
	5	−2	u_2
v_1	v_2	v_3	

muß jedes notierte Element c_{ik} gleich der Summe der Randelemente seiner Zeile und Spalte sein. Setzt man $u_1 = 0$, so folgt zwangsläufig der Reihe nach

$$v_1 = 7, \quad v_2 = 0, \quad u_2 = 5, \quad v_3 = -7.$$

Um zu einer möglichst kurzen und übersichtlichen Schreibweise zu kommen, überlegen wir folgendes: Wird nach der Diagonalmethode die erste zulässige Basislösung bestimmt, so ist es nicht notwendig, die Werte 0 der Nichtbasisvariablen aufzuschreiben. Auch die Zahlen a_i und b_k brauchen nicht wieder aufgeschrieben zu werden, sondern können an der Ausgangstabelle (1.4) abgelesen werden. Statt (1.5) steht nur

10	110		
	10	70	

In diese Tabelle können als Randspalte und Randzeile die Werte der u_i und v_k eingetragen werden:

				u_i
	10	110		0
		10	70	5
v_k	7	0	−7	

Zu ihrer Bestimmung wird nicht erst (2.2) aufgeschrieben, sondern die zur Rechnung benötigten Werte c_{ik} werden an der Ausgangstabelle (1.4) abgelesen. Auf dem Feld jeder Nichtbasisvariablen x_{ik} wird schließlich der Wert von

$$c_{ik} - u_i - v_k$$

eingetragen[1]), und die Werte der Basisvariablen werden zur Unterscheidung von diesen Zahlen gekennzeichnet:

(2.3)

(10)	(110)	12	0
−18	(10)	(70)	5
7	0	−7	

Eine solche Tabelle heiße *Transporttabelle*; sie enthält auf den Feldern der Basisvariablen deren gekennzeichnete Werte, in der Randspalte und Randzeile eine Lösung des Gleichungssystems (2.1) und im übrigen auf dem Feld jeder Nichtbasisvariablen x_{ik} den Wert von $c_{ik} - u_i - v_k$.

(2.4) Satz. *Werden aus der Gleichung der Zielfunktion die durch eine Transporttabelle angegebenen Basisvariablen mittels der Restriktionen eliminiert, so steht als Koeffizient bei der Nichtbasisvariablen x_{ik} der Wert von $c_{ik} - u_i - v_k$.*

(Beweis siehe Abschnitt 3.)

Durch diesen Satz können theoretische Aussagen über die Methode zur Bestimmung der optimalen Lösungen von Transportproblemen aus den Abschnitten V.4 und V.5 gewonnen werden. Es gilt also (vgl. Beweis zu Satz (V.4.9)): Steht in einer Transporttabelle ein positiver Wert $c_{ik} - u_i - v_k$, so vergrößert sich der Wert von Z durch Vergrößerung des Wertes von x_{ik}.

[1]) Auf den Feldern der Basisvariablen würde hierbei 0 erscheinen.

In diesem Fall wird die Transporttabelle so umgeformt, daß x_{ik} Basisvariable wird. Wir beschreiben allgemein den Übergang von einer Basislösung zur nächsten, in der die bisherige Nichtbasisvariable x_{ik} Basisvariable ist.

Austauschschritt zur Variablen x_{ik}:

a) Bestimmen des Turmzuges T zur Variablen x_{ik} in der Transporttabelle.
b) Bestimmen des Minimums p der Werte der Variablen mit gerader Nummer auf T.
c) x_{ik} wird Basisvariable, eine der Variablen von T mit gerader Nummer, die den Wert p hat, wird Nichtbasisvariable (ihr Wert wird also unter d) nicht eingetragen).
d) Eintragen der nächsten Basislösung in eine neue Transporttabelle: Zu den Werten der Variablen mit ungerader Nummer auf T wird p addiert; von den Werten der Variablen mit gerader Nummer auf T wird p subtrahiert; die Werte aller übrigen Basisvariablen bleiben unverändert.

Die Zahl 12 in der Transporttabelle (2.3) bringt uns darauf, den Austauschschritt zur Variablen x_{13} durchzuführen; dadurch entsteht

(10)	(40)	(70)	
	(80)		

Mit den jetzt vorliegenden Basisvariablen ist wieder ein Gleichungssystem (2.1) verbunden. Durch eine Lösung dieses Systems wird die Tabelle zu der Transporttabelle

(2.5)

(10)	(40)	(70)	0
−18	(80)	−12	5
7	0	5	

vervollständigt.

Aus Satz (V.4.6) folgt in Verbindung mit Satz (2.4) folgendes:

(2.6) Satz.

a) *Steht auf den Feldern der Nichtbasisvariablen einer Transporttabelle keine positive Zahl, so ist die durch die Tabelle gegebene Basislösung eine optimale Lösung des Transportproblems.*

b) *Stehen auf den Feldern aller Nichtbasisvariablen einer Transporttabelle negative Zahlen, so ist die durch die Tabelle gegebene Basislösung die einzige optimale Lösung des Transportproblems.*

Tabelle 27

Ausgangstabelle

7	0	5	120
−6	5	−2	80
10	120	70	

1. Transporttabelle

Basislösung wurde gewonnen mit der Diagonalmethode. Eingezeichnet ist der Turmzug zu x_{13}.

(10)	(110)	12	0
−18	(10)	(70)	5
7	0	−7	

2. Transporttabelle

Basislösung wurde gewonnen durch den Austauschschritt zu x_{13}.

(10)	(40)	(70)	0
−18	(80)	−12	5
7	0	5	

Demnach gibt (2.5) die einzige optimale Lösung des Beispiels an:

$$(x_{ik}) = \begin{pmatrix} 10 & 40 & 70 \\ 0 & 80 & 0 \end{pmatrix}$$

mit

$$Z = 7 \cdot 10 + 0 \cdot 40 + 5 \cdot 70 + 5 \cdot 80 = 820.$$

Zusammenfassend besteht die Methode in der Berechnung der einzelnen Transporttabellen; für unser Beispiel illustriert dies Tabelle 27.

Wie bei den Simplextabellen sind in den Transporttabellen stets gewisse Variablen als Basisvariablen ausgezeichnet. Im Unterschied zu den Simplextabellen werden jedoch hier die Restriktionen nicht ständig nach den Basisvariablen aufgelöst. Es ist daher z. B. nicht möglich, die Annahme (V.3.3) unmittelbar nachzuprüfen. Wir können aber feststellen, daß diese Annahme bei Transportproblemen stets erfüllt ist. Andernfalls würde nämlich aus (V.5.2) bzw. (V.5.4a) folgen, daß es zulässige Lösungen gibt, in denen Variablen beliebig große Werte annehmen, und das ist in den Restriktionsgleichungen von Transportproblemen unmöglich. Daher ergibt sich aus Satz (V.4.9) der folgende Satz.

(2.7) Satz. *Durch die Berechnung von endlich vielen Transporttabellen gelangt man zu einer optimalen Lösung eines gegebenen Transportproblems, wenn in jedem Austauschschritt* $p \neq 0$ *ist.*

Der Fall $p = 0$ entspricht dem Sonderfall (V.5.1) und soll nicht näher untersucht werden. Schließlich folgt, dem Sonderfall (V.5.3) entsprechend, aus Satz (V.5.4b) ein weiterer Satz.

(2.8) Satz. *In einer Transporttabelle stehe auf dem Feld genau einer Nichtbasisvariablen* x_{ik} *die Zahl* 0, *während auf den Feldern aller übrigen Nichtbasisvariablen negative Zahlen stehen. Gelangt man durch den Austauschschritt zur Variablen* x_{ik} *von der Basislösung* $(x_{ik}) = (\xi_{ik})$ *zur Basislösung* $(x_{ik}) = (\eta_{ik})$, *so besitzt das Transportproblem die optimalen Lösungen*

$$(x_{ik}) = (\xi_{ik}) \cdot t + (\eta_{ik}) \cdot (1 - t) \quad (\textit{mit } 0 \leqq t \leqq 1).$$

(*Das sind unendlich viele Lösungen, wenn p ungleich Null war; sonst ist* $(x_{ik}) = (\xi_{ik}) = (\eta_{ik})$ *einzige Lösung.*)

Abb. 14 gibt eine abschließende Übersicht für die Methode zur Lösung von Transportproblemen.

3. Bemerkungen zur Durchführbarkeit der Methode

Es sei zunächst der Beweis des wichtigen Satzes (2.4) nachgetragen, denn mittels dieses Satzes konnten die in Kapitel V gewonnenen Aussagen auf Transportprobleme übertragen werden. Tabelle 28 gibt ein Transportproblem (1.1) in der üblichen Anordnung der Variablen von linearen Gleichungssystemen (in diesem Fall mit

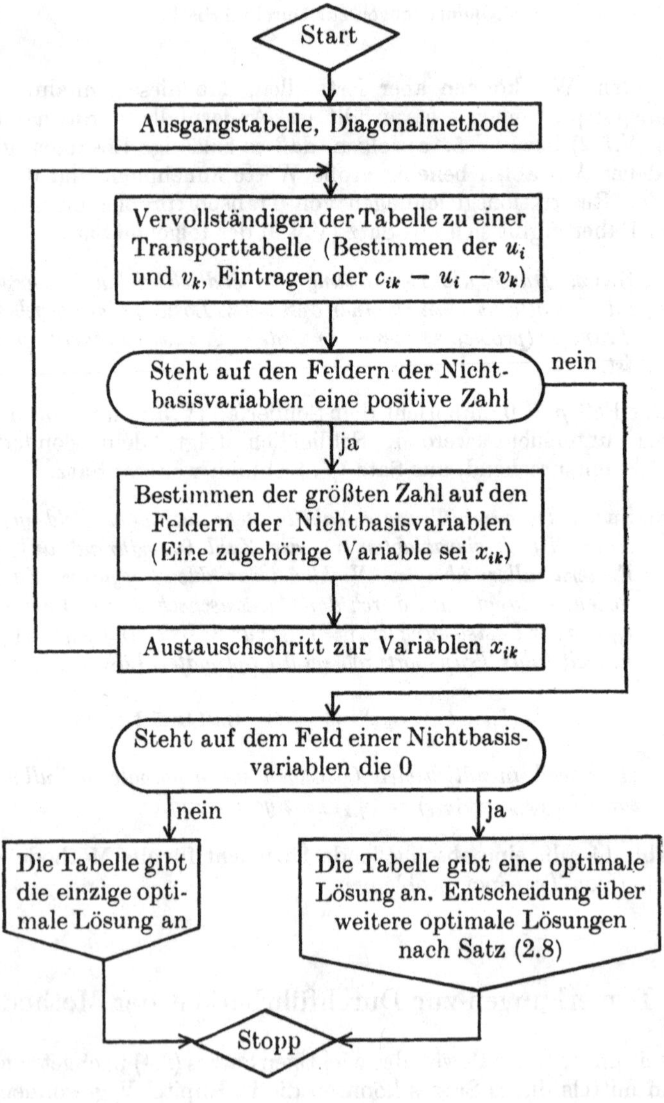

Abb. 14. Flußbild der Methode zur Bestimmung optimaler Lösungen von Transportproblemen

$m \cdot n$ Variablen) wieder; man erkennt, daß die Variable x_{ik} in den Restriktionen in der i-ten a-Gleichung und in der k-ten b-Gleichung ($i = 1(1)m$, $k = 1(1)n$) und nur in diesen vorkommt.

Tabelle 28

$$
\begin{array}{l}
x_{11} + x_{12} + \cdots + x_{1n} \hspace{12em} = a_1, \\
\hspace{8em} x_{21} + x_{22} + \cdots + x_{2n} \hspace{4em} = a_2, \\
\cdots\cdots\cdots\cdots\cdots\cdots\cdots\cdots\cdots\cdots \\
\hspace{16em} x_{m1} + x_{m2} + \cdots + x_{mn} = a_m, \\
x_{11} \hspace{6em} + x_{21} \hspace{6em} + \cdots + x_{m1} \hspace{4em} = b_1, \\
\quad x_{12} \hspace{6em} + x_{22} \hspace{6em} + \cdots + x_{m2} \hspace{3em} = b_2, \\
\cdots\cdots\cdots\cdots\cdots\cdots\cdots\cdots\cdots\cdots \\
\hspace{6em} x_{1n} \hspace{6em} + x_{2n} + \cdots \hspace{6em} + x_{mn} = b_n, \\
c_{11}x_{11} + \cdots + c_{1n}x_{1n} + c_{21}x_{21} + \cdots + c_{2n}x_{2n} + \cdots + c_{m1}x_{m1} + \cdots + c_{mn}x_{mn} = Z
\end{array}
$$

B e w e i s z u S a t z (2.4). Werden die i-te a-Gleichung mit $-u_i$ sowie die k-te b-Gleichung mit $-v_k$ ($i = 1(1)m$, $k = 1(1)n$) multipliziert und dann die Gleichungen zur letzten addiert, so entsteht nach der eben gemachten Bemerkung

$$
\begin{aligned}
(c_{11} - u_1 - v_1)\, x_{11} + \cdots + (c_{ik} - u_i - v_k)\, x_{ik} + \cdots& \\
+ (c_{mn} - u_m - v_n)\, x_{mn}& \\
= Z - u_1 a_1 - \cdots - u_m a_m - v_1 b_1 - \cdots - v_n b_n&.
\end{aligned}
$$

Damit aus dieser Gleichung die durch eine Transporttabelle angegebenen Basisvariablen eliminiert sind, muß für die u_i und v_k eine Lösung des Gleichungssystems (2.1) eingesetzt werden. Die Nichtbasisvariablen haben dann die im Satz angegebenen Koeffizienten. (Diese Koeffizienten stehen in der Transporttabelle.)

Um die technischen Voraussetzungen für die Durchführbarkeit der Methode zu sichern, wären nun noch folgende Sätze zu beweisen:

(3.1) *Mit der Diagonalmethode läßt sich stets eine zulässige Lösung bestimmen.*

(3.2) *Zu jeder Nichtbasisvariablen gibt es in jeder Transporttabelle einen Turmzug.*

(3.3) *Das Gleichungssystem* (2.1) *besitzt stets eine Lösung mit* $u_1 = 0$.

Wir wollen jedoch der Kürze halber die Beweise nicht ausführen, sondern zur Kenntnis nehmen, daß diese Sätze gültig sind.

Aufgaben

1. Bestimme die optimalen Lösungen folgender Transportprobleme:

a)

4	1	1	7	10
9	8	5	5	3
3	6	7	2	8
2	5	7	7	

b)

5	−7	2	4	90
7	0	−2	3	75
4	5	2	−2	35
50	50	85	15	

c)

−2	2	−4	−3	−1	40
0	1	−3	−1	−5	70
2	3	1	−2	0	60
−1	−2	0	−4	1	30
30	60	50	40	20	

2. Man zeige, daß in jedem Transportproblem das Gleichungssystem der Restriktionen eine überflüssige Gleichung enthält. Könnte jede Gleichung als diese überflüssige Gleichung angesehen werden?

3. Die Matrix (c_{ik}) in der Ausgangstabelle (1.3) bestimmt die Zielfunktion Z eines Transportproblems, das in diesem Zusammenhang Problem A heiße. Neben einem gegebenen Transportproblem A betrachten wir die Transportprobleme A' und A'' mit denselben Restriktionen wie A, aber den Zielfunktionen Z' bzw. Z'', die aus Z entstehen, indem in (c_{ik}) zu allen Elementen einer bestimmten Zeile eine Zahl p bzw. zu allen Elementen einer bestimmten Spalte eine Zahl q addiert wird. Die Probleme A, A' und A'' besitzen dieselben zulässigen Lösungen.
   a) Welcher Zusammenhang besteht zwischen den Werten von Z und Z' bzw. Z'' für eine gegebene zulässige Lösung?
   b) Man zeige, daß die Probleme A, A' und A'' dieselben optimalen Lösungen besitzen.
   c) Wie kann man erreichen, indem man die beschriebene Umformung der Matrix (c_{ik}) auf alle Zeilen und Spalten ausdehnt, daß in der resultierenden Matrix die Null als kleinstes Element in jeder Zeile und Spalte erscheint?

Lösungen zu den Aufgaben

Kapitel I.

1. a) $\boldsymbol{x}^{\mathrm{T}} = (10,\ 7,\ 5)$, b) $\boldsymbol{x}^{\mathrm{T}} = \left(1,\ \frac{1}{3},\ \frac{1}{2}\right)$,
   c) $\boldsymbol{x}^{\mathrm{T}} = (-2,\ 3,\ 2,\ 5)$, d) $\boldsymbol{x}^{\mathrm{T}} = (1,\ -1,\ -3,\ -1)$,
   e) $\boldsymbol{x}^{\mathrm{T}} = (8,\ 21,\ -2,\ 1,\ 3)$, f) $\boldsymbol{x}^{\mathrm{T}} = (0,\ 1,\ -1,\ 4,\ 2)$.
2. $v_P = 45$ km/h, $v_D = 70$ km/h, $v_G = 30$ km/h,
   $t_P = 7$ h, $t_D = 4{,}5$ h, $t_G = 10{,}5$ h, $s = 315$ km.
3. 0,25 m³ G_1, 0,2 m³ G_2 und 0,55 m³ G_3 ergeben 1 m³ des gewünschten Gases. 1 m³ des Gases mit größtmöglichem Heizwert von 1612,5 kcal m^{-3} ergeben 0,3875 m³ G_1 und 0,6125 m³ G_2.
4. In Abb. 1 sind SP $:= u_1 \cdot v_1$, $j := 2$, $j \leqq n$ der Reihe nach zu ersetzen durch SP $:= 0$, $j := i$, $j \leqq k$.
5. a) Man verwende Abb. 1 mit $u_j = a_j$, $v_j = 1$ $(j = 1(1)\,n)$.
   b) Man beginne mit $M := a_1$ und realisiere für $j = 2(1)\,n$: Wenn $M < a_j$, dann $M := a_j$.
6. a), b), c) garantieren im allgemeinen keine äquivalente Umformung; z. B. für $p = q = r = s = 1$ erhält man aus dem unlösbaren System

$$x_1 + x_2 = 0,$$
$$x_1 + x_2 = 2$$

das lösbare

$$2x_1 + 2x_2 = 2,$$
$$2x_1 + 2x_2 = 2.$$

d) garantiert stets eine äquivalente Umformung; sind etwa die Gleichungen des zweiten Systems erfüllt, so ist z. B. auch $s(pA_i + qA_k) - q(rA_i + sA_k) = s(pa_i + qa_k) - q(ra_i + sa_k)$, d. h. $(ps - qr)\,A_i = (ps - qr)\,a_i$, und damit (wegen $ps - qr \neq 0$) die Gleichung $A_i = a_i$ des ersten Systems erfüllt.

7. Sind beide Systeme lösbar, so lassen sie sich ineinander überführen. (Beide sind nämlich demselben System, das die Lösungen angibt, äquiva-

lent.) Sind dagegen beide Systeme unlösbar, so erhält man durch zugelassene Umformungen aus ihnen

$$x_1 + a'_{12}x_2 = 0,$$
$$0 = 1$$

bzw.

$$x_1 + b'_{12}x_2 = 0,$$
$$0 = 1,$$

die für $a'_{12} \neq b'_{12}$ nicht ineinander überführt werden können.

Kapitel II.

1.
$$X = \begin{pmatrix} -1 & 0 & -\frac{5}{2} \\ -\frac{3}{2} & \frac{1}{2} & 5 \end{pmatrix}.$$

2.
$$f(A) = \begin{pmatrix} 8 & 7 \\ 7 & 15 \end{pmatrix}, \quad g(B) = \begin{pmatrix} 0 & 0 \\ 0 & 0 \end{pmatrix}, \quad h(C, D) = \begin{pmatrix} 16 & 10 & 4 \\ 35 & 0 & 7 \\ 18 & 7 & 0 \end{pmatrix}.$$

3. $x = A \cdot B \cdot z$.

4. a) $(E - M) \cdot x = y$, b) $(E - M)^T \cdot p = q$.

5. Mit $A \cdot B = (u_{ik})$, $(A \cdot B)^T = (v_{ik})$, $B^T \cdot A^T = (w_{ik})$ wird:
u_{ik} = skalares Produkt der i-ten Zeile von A und k-ten Spalte von B,
$v_{ik} = u_{ki}$
= skalares Produkt der k-ten Zeile von A und i-ten Spalte von B;
w_{ik} = skalares Produkt der i-ten Zeile von B^T und k-ten Spalte von A^T
= skalares Produkt der i-ten Spalte von B und k-ten Zeile von A
$= v_{ik}$.

6. Beispielsweise ist

$$(A \circ_1 B) \circ_1 C = (A \cdot B^T) \circ_1 C = (A \cdot B^T) \cdot C^T = A \cdot B^T \cdot C^T,$$
$$A \circ_1 (B \circ_1 C) = A \circ_1 (B \cdot C^T) = A \cdot (B \cdot C^T)^T = A \cdot C \cdot B^T$$

(s. Aufg. 5), und die Terme ganz rechts sind z. B. verschieden für $A = B = E$ und eine Matrix C mit $C^T \neq C$.

7.
$$U^T = E^T - 2 \cdot (w \cdot w^T)^T = E - 2 \cdot (w^T)^T \cdot w^T = U,$$
$$U \cdot U^T = (E - 2 \cdot w \cdot w^T) \cdot (E - 2 \cdot w \cdot w^T)$$
$$= E - 4 \cdot w \cdot w^T + 4 \cdot w \cdot \underbrace{w^T \cdot w}_{1} \cdot w^T = E.$$

8. a) A singulär, $B = (\xi, o, \ldots, o)$ mit einer Lösung $x = \xi \neq o$ von $A \cdot x = o$.
b) Man multipliziere mit B^{-1}.

9. a) $\boldsymbol{A}$ ist singulär.

b)
$$\boldsymbol{A}^{-1} = \begin{pmatrix} -\frac{3}{5} & -\frac{3}{5} & \frac{6}{5} & 1 \\ \frac{1}{5} & \frac{1}{5} & -\frac{2}{5} & 0 \\ \frac{4}{5} & \frac{3}{10} & -\frac{3}{5} & -\frac{1}{2} \\ -\frac{2}{5} & \frac{1}{10} & \frac{4}{5} & \frac{1}{2} \end{pmatrix},$$

$$\boldsymbol{x} = \boldsymbol{A}^{-1} \cdot \boldsymbol{a}\colon \begin{pmatrix} -\frac{8}{5} \\ \frac{1}{5} \\ \frac{4}{5} \\ -\frac{2}{5} \end{pmatrix}, \begin{pmatrix} 1 \\ 0 \\ 0 \\ 1 \end{pmatrix}, \begin{pmatrix} -\frac{4}{5} \\ \frac{3}{5} \\ \frac{7}{5} \\ -\frac{1}{5} \end{pmatrix}.$$

c)
$$\boldsymbol{A}^{-1} = \begin{pmatrix} \frac{9}{2} & -\frac{5}{2} & -\frac{5}{2} & -1 \\ 16 & -3 & -6 & -2 \\ 14 & -2 & -5 & -2 \\ -5 & 1 & -2 & 1 \end{pmatrix},$$

$$\boldsymbol{x} = \boldsymbol{A}^{-1} \cdot \boldsymbol{a}\colon \begin{pmatrix} -\frac{1}{2} \\ -1 \\ 0 \\ 0 \end{pmatrix}, \begin{pmatrix} -\frac{3}{2} \\ 5 \\ 5 \\ -1 \end{pmatrix}, \begin{pmatrix} \frac{11}{2} \\ 27 \\ 24 \\ -8 \end{pmatrix}.$$

10. a) Folgt aus $(\boldsymbol{A} \cdot \boldsymbol{B}) \cdot \boldsymbol{X} = \boldsymbol{E}$.
b) Genau dann ist $\boldsymbol{A}^{-1} \cdot \boldsymbol{A} = \boldsymbol{E}$, wenn $(\boldsymbol{A}^{-1} \cdot \boldsymbol{A})^{\mathrm{T}} = \boldsymbol{A}^{\mathrm{T}} \cdot (\boldsymbol{A}^{-1})^{\mathrm{T}} = \boldsymbol{E}$ ist. (Siehe Aufg. 5.)

11. $(\boldsymbol{A} \cdot \boldsymbol{B})^{-1} = \boldsymbol{B}^{-1} \cdot \boldsymbol{A}^{-1}$, $\boldsymbol{X} = \boldsymbol{B}^{-1} \cdot \boldsymbol{A}^{-1} \cdot \boldsymbol{B} \cdot \boldsymbol{A}$.

12.
$$\boldsymbol{C}^{-1} = \begin{pmatrix} 2 & -1 & -1 & 1 \\ 5 & -4 & -3 & 2 \\ 0 & \frac{1}{2} & 1 & -\frac{1}{2} \\ 2 & -\frac{3}{2} & -1 & \frac{1}{2} \end{pmatrix},$$ Spaltenvertauschung erforderlich.

13. Zum Beispiel $\boldsymbol{A}^{-1}\cdot\boldsymbol{B}=\boldsymbol{A}^{-1}\cdot\boldsymbol{B}\cdot\boldsymbol{A}\cdot\boldsymbol{A}^{-1}=\boldsymbol{A}^{-1}\cdot\boldsymbol{A}\cdot\boldsymbol{B}\cdot\boldsymbol{A}^{-1}=\boldsymbol{B}\cdot\boldsymbol{A}^{-1}$.

14. Man verwende Aufgabe 5, $(\boldsymbol{E}-\boldsymbol{S})^{\mathrm{T}}=\boldsymbol{E}+\boldsymbol{S}$, $(\boldsymbol{E}-\boldsymbol{S})\cdot(\boldsymbol{E}+\boldsymbol{S}) =(\boldsymbol{E}+\boldsymbol{S})\cdot(\boldsymbol{E}-\boldsymbol{S})=(\boldsymbol{E}-\boldsymbol{S}^2)$!

15. $\boldsymbol{A}\cdot\boldsymbol{E}_{ik}$: In der k-ten Spalte steht die i-te Spalte von $\boldsymbol{A}$, sonst Nullen. $\boldsymbol{A}\cdot(\boldsymbol{E}+\boldsymbol{c}\cdot\boldsymbol{E}_{ik})$: Zur k-ten Spalte von $\boldsymbol{A}$ wurde das c-fache der i-ten Spalte addiert.

16. $\boldsymbol{e}_i^{\mathrm{T}}\cdot\boldsymbol{e}_k=\begin{cases}1 & \text{für } i=k,\\ 0 & \text{für } i\neq k,\end{cases}\quad \boldsymbol{e}_i\cdot\boldsymbol{e}_k^{\mathrm{T}}=\boldsymbol{E}_{ik},$

$$\boldsymbol{E}_{ik}\cdot\boldsymbol{E}_{lm}=\boldsymbol{e}_i\cdot\boldsymbol{e}_k^{\mathrm{T}}\cdot\boldsymbol{e}_l\cdot\boldsymbol{e}_m^{\mathrm{T}}=\begin{cases}\boldsymbol{O} & \text{für } k\neq l,\\ \boldsymbol{E}_{im} & \text{für } k=l,\end{cases}$$

$$\boldsymbol{E}_{ik}\cdot\boldsymbol{A}\cdot\boldsymbol{E}_{lm}=a_{kl}\cdot\boldsymbol{E}_{ik}\cdot\boldsymbol{E}_{kl}\cdot\boldsymbol{E}_{lm}=a_{kl}\cdot\boldsymbol{E}_{im}.$$

17. a) $\boldsymbol{U}^k=\boldsymbol{E}_{k+1,1}+\cdots+\boldsymbol{E}_{n,n-k}$ für $1\leqq k\leqq n-1$, $\boldsymbol{U}^{n-1}=\boldsymbol{E}_{n,1}$, $\boldsymbol{U}^k=\boldsymbol{O}$ für $k\geqq n$.
b) $\boldsymbol{V}\cdot\boldsymbol{W}_r=\boldsymbol{W}_{r+1}$.
c) $\boldsymbol{V}^k=\boldsymbol{W}_{k-1}$ für $1\leqq k\leqq n-1$, $\boldsymbol{V}^k=\boldsymbol{O}$ für $k\geqq n$.

18. a) $(\boldsymbol{E}-\boldsymbol{V})\cdot(\boldsymbol{E}+\boldsymbol{V}+\cdots+\boldsymbol{V}^{n-1})=\boldsymbol{E}-\boldsymbol{V}^n=\boldsymbol{E}$ (s. Aufg. 17).
b) $(\boldsymbol{D}-\boldsymbol{V})^{-1}=\boldsymbol{D}^{-1}+\boldsymbol{D}^{-1}\cdot\boldsymbol{V}\cdot\boldsymbol{D}^{-1}+(\boldsymbol{D}^{-1}\cdot\boldsymbol{V})^2\cdot\boldsymbol{D}^{-1}+\cdots +(\boldsymbol{D}^{-1}\cdot\boldsymbol{V})^{n-1}\cdot\boldsymbol{D}^{-1}$.

Kapitel III.

1. $$\begin{pmatrix}x_1\\x_2\\x_3\\x_4\end{pmatrix}=\begin{pmatrix}9\\0\\\frac{50}{7}\\\frac{6499}{490}\end{pmatrix}+\begin{pmatrix}-\frac{3}{4}\\1\\0\\-\frac{95}{280}\end{pmatrix}\cdot t\approx\begin{pmatrix}9\\0\\7{,}14\\13{,}26\end{pmatrix}+\begin{pmatrix}-0{,}75\\1\\0\\-0{,}34\end{pmatrix}\cdot t$$
mit $0\leqq t\leqq 12$.

2. $\boldsymbol{x}^{\mathrm{T}}\approx(65{,}78;\ 154{,}71;\ 91{,}30)$ (in 10^6 M).

3. $(x_1, x_2, x_3)=(0, -1, 2)+(1, 3, -4)\cdot t$ mit $1/3\leqq t\leqq 1/2$;
x_1 m³ G_1, x_2 m³ G_2 und x_3 m³ G_3 ergeben 1 m³ des gewünschten Gases.

4. $d := a_{22}-a_{12}a_{21}$;
für $d\neq 0$ genau eine Lösung: $\begin{pmatrix}x_1\\x_2\end{pmatrix}=\begin{pmatrix}a_1a_{22}-a_2a_{12}\\a_2-a_1a_{21}\end{pmatrix}\cdot\dfrac{1}{d}$.

Für $d = 0$ und $a_2 - a_1 a_{21} = 0$ unendlich viele Lösungen:

$$\begin{pmatrix} x_1 \\ x_2 \end{pmatrix} = \begin{pmatrix} a_1 - a_{12}t \\ t \end{pmatrix} \quad (t \text{ beliebig}).$$

Für $d = 0$ und $a_2 - a_1 a_{21} \neq 0$ keine Lösung.

5. Beide Systeme mit $a_4 = 4$ sind unlösbar. Systeme mit $a_4 = 6$:

   für $a_6 = 4$: $\mathfrak{x}_0^{\mathrm{T}} = (-8, 1, 3, -2, 0, 0)$,
   für $a_6 = 6$: $\mathfrak{x}_0^{\mathrm{T}} = (-11, 2, 4, -2, 0, 0)$.
   $\mathfrak{x}_H^{\mathrm{T}} = (-2, 2, 2, 2, 1, 0) \cdot t_1 + (-8, 3, 3, 0, 0, 1) \cdot t_2$.
6. $\mathfrak{x}_0^{\mathrm{T}} = (1{,}7; 0{,}7; 0; -0{,}4; 0)$.
   $\mathfrak{x}_H^{\mathrm{T}} = (-0{,}5; 0{,}5; 1; 0; 0) \cdot t_1 + (-1{,}7; -0{,}7; 0; 0{,}4; 1) \cdot t_2$,
   $t_1 = 2, t_2 = 1$.
7. $\boldsymbol{x}^{\mathrm{T}} = (-8, 2, 5, 2, 1)$.
8. $\boldsymbol{x}^{\mathrm{T}} = (1, -4, 1, 0) + (1, 1, -1, 1) \cdot t$.
9. Für $a_4 = 15$, $a_5 = -12$: $\boldsymbol{x}^{\mathrm{T}} = (3, 3, 3)$. Die beiden anderen Systeme sind unlösbar.
10. Nur für b) nicht.
11. Die Matrix $(\boldsymbol{a}_1, \boldsymbol{a}_2, \boldsymbol{a}_3, \boldsymbol{a}_4)$ ist regulär. $\boldsymbol{a}_1, \boldsymbol{a}_2, \boldsymbol{a}_3, \boldsymbol{b}$ sind linear abhängig, $\boldsymbol{a}_1, \boldsymbol{a}_2, \boldsymbol{a}_4, \boldsymbol{b}$ linear unabhängig.
12. $\boldsymbol{A} \cdot \boldsymbol{x} = \boldsymbol{o}$ bzw. $\boldsymbol{A}^{\mathrm{T}} \cdot \boldsymbol{x} = \boldsymbol{o}$ hat nichttriviale Lösungen.
13. Die Koeffizientenmatrizen haben der Reihe nach den Rang 4, 3, 5, 3 bzw. 3.
14. a) $\boldsymbol{a}_1 \cdot t_1 + \boldsymbol{a}_2 \cdot t_2 + \boldsymbol{a}_3 \cdot t_3 + \boldsymbol{a} \cdot t_4 = \boldsymbol{o}$ mit $t_4 = -1$ $(\neq 0)$.
    b) Es ist z. B. $\boldsymbol{a}_1 \cdot u_1 + \boldsymbol{a}_2 \cdot u_2 + \boldsymbol{a}_3 \cdot u_3 + \boldsymbol{a}_4 \cdot u_4 = \boldsymbol{o}$ mit $u_4 \neq 0$, denn $\boldsymbol{a}_1, \boldsymbol{a}_2, \boldsymbol{a}_3, \boldsymbol{a}_4$ müssen linear abhängig sein, aber $\boldsymbol{a}_1, \boldsymbol{a}_2, \boldsymbol{a}_3$ sind linear unabhängig.
    c) Die in b) gewonnenen Linearkombinationen kann man einsetzen.
    d) $\boldsymbol{a}_1, \boldsymbol{a}_2, \boldsymbol{a}_3, \boldsymbol{a}$ sind linear unabhängig, denn sonst erhielte man $\boldsymbol{a}$ als Linearkombination von $\boldsymbol{a}_1, \boldsymbol{a}_2, \boldsymbol{a}_3$. Unter fünf Spalten der erweiterten Matrix befinden sich mindestens vier der ursprünglichen.

Kapitel IV.

1. a) $\boldsymbol{x}^{\mathrm{T}} = (1, 5, 7)$.
   b) $\boldsymbol{x}^{\mathrm{T}} = (1{,}0; 4{,}9; 6{,}8)$.
   c) $\boldsymbol{x}^{\mathrm{T}} = (1{,}0; 5{,}0; 7{,}0)$.
2. $\boldsymbol{x}^{\mathrm{T}} = (1{,}50; 2{,}00; -1{,}50; 0{,}50)$.
3. $r = 1/2$; $\boldsymbol{x}^{\mathrm{T}} \approx (3{,}152; 2{,}239; -1{,}276; 2{,}454)$ mit $f_2 < 0{,}43 \cdot 10^{-2}$.

4. $r = 3/7$; aus

$\boldsymbol{x}^{\mathrm{T}} \approx (1{,}71928;\ -0{,}70498;\ 0{,}26907)$ mit $f_2 < 0{,}7 \cdot 10^{-5}$ folgt

$\boldsymbol{x}^{\mathrm{T}} \approx (1{,}72;\ -0{,}70;\ 0{,}27)$.

5. $\boldsymbol{A}^{\mathrm{T}}$ erfüllt das Zeilensummenkriterium (3.3) und ist somit nach Satz (3.4a) regulär; dann ist auch $\boldsymbol{A}$ regulär. (Aufg. II.10b.)

6. a)
$$\|\boldsymbol{A}\cdot\boldsymbol{x}\| = \max_i \left\{\left|\sum_{k=1}^{n} a_{ik}x_k\right|\right\} \leqq \max_i \left\{\sum_{k=1}^{n} |a_{ik}|\,|x_k|\right\}$$
$$\leqq \max_i \left\{\sum_{k=1}^{n} |a_{ik}| \cdot \max_k \{|x_k|\}\right\} = \max_i \left\{\sum_{k=1}^{n} |a_{ik}|\right\} \cdot \|\boldsymbol{x}\|$$
$$= \|\boldsymbol{A}\| \cdot \|\boldsymbol{x}\|.$$

b)
$$\|\boldsymbol{A}\cdot\boldsymbol{x}\| = \sum_{i=1}^{n} \left|\sum_{k=1}^{n} a_{ik}x_k\right| \leqq \sum_{i=1}^{n}\sum_{k=1}^{n} |a_{ik}|\,|x_k| = \sum_{k=1}^{n}\left(\sum_{i=1}^{n} |a_{ik}|\right)|x_k|$$
$$\leqq \sum_{k=1}^{n}\left(\max_k \left\{\sum_{i=1}^{n} |a_{ik}|\right\}\right)|x_k| = \|\boldsymbol{A}\| \cdot \sum_{k=1}^{n} |x_k| = \|\boldsymbol{A}\| \cdot \|\boldsymbol{x}\|.$$

7. $(\boldsymbol{E} - \boldsymbol{M}) \cdot \boldsymbol{x} = \boldsymbol{y}$ habe eine Lösung $\boldsymbol{x} = (\xi_i) > \boldsymbol{o}$. Für

$$\boldsymbol{A} = (\boldsymbol{E} - \boldsymbol{M}) \cdot \begin{pmatrix} \xi_1 & & & \\ & \xi_2 & & \\ & & \ddots & \\ & & & \xi_n \end{pmatrix}$$

gilt dann $\boldsymbol{A} \cdot \boldsymbol{e} = \boldsymbol{y}$ mit $\boldsymbol{e} = \begin{pmatrix} 1 \\ 1 \\ \vdots \\ 1 \end{pmatrix}$.

In $\boldsymbol{A}$ sind wie in $\boldsymbol{E} - \boldsymbol{M}$ die Hauptdiagonalelemente positiv, dagegen alle übrigen Elemente nichtpositiv. Daher bedeutet $\boldsymbol{A} \cdot \boldsymbol{e} = \boldsymbol{y} > \boldsymbol{o}$, daß $\boldsymbol{A}$ das Zeilensummenkriterium (3.3) erfüllt, und somit regulär ist. — Man konstruiere $\boldsymbol{E} - \boldsymbol{M}$ z. B. so, daß $(\boldsymbol{E} - \boldsymbol{M}) \cdot \boldsymbol{e} = \boldsymbol{o}$ ist; dann ist $\boldsymbol{E} - \boldsymbol{M}$ singulär.

8. Man beginne mit $a := 0$ und realisiere für $i = 1(1)n$

   1. das Bilden der zur Maximumbestimmung jeweils mit a zu vergleichenden Zahl S (man beginne hierzu mit $S := 0$ und realisiere für $k = 1(1)n$, aber $k \neq i$ $S := S + |a_{ik}|$), danach
   2. $S := S/|a_{ii}|$ und sodann
   3. den Vergleich mit (dem bisherigen) a.

Kapitel V.

1. a) $(x_1, x_2, u_1, u_2, u_3) = (3, 2, 0, 6, 0)$, $Z_{\max} = 17$.
   b) $(x_1, x_2, x_3, x_4, u_1, u_2, u_3) = (0, 0, 7, 1, 4, 0, 0)$, $Z_{\max} = 25$.
   c) Keine optimale Lösung, sondern zulässige Lösungen mit beliebig großem Wert von Z; z. B. $Z = 23 + 15t$ für
   $$(x_1, x_2, x_3, u_1, u_2, u_3) = (4 + 4t, 3 + 3t, 3 + t, 0, 0, 4t).$$
   d) $(x_1, x_2, x_3, u_1, u_2, u_3) = (3, 4, 0, 0, 4, 0) \cdot t + (7, 0, 16, 0, 4, 0) \cdot (1 - t)$ mit $0 \leqq t \leqq 1$, $Z_{\max} = 18$.

2. Mit $\boldsymbol{A}_{11}^{-1} = \begin{pmatrix} 2 & -1 \\ -1 & 1 \end{pmatrix}$ erhält man

BV	x_1	x_2	x_3	x_4	u_1	u_2	u_3	u_4	=
x_1	1		5		2	-1			6
x_2		1	-3	1	-1	1			1
u_3			3		1	-2	1		3
u_4			-1	-5	-1	-1		1	1
			-1	-1	-3	-1			$Z - 29$

3. a) $(x_1, x_2, x_3, u_1, u_2) = (2, 1, 3, 0, 2)$, $Z_{\max} = 13$.
   b) Keine zulässige Lösung.
   c) $(x_1, x_2, x_3, u_1, u_2) = (3, 2, 0, 4, 5) \cdot t + (2, 1, 3, 0, 2) \cdot (1 - t)$ mit $0 \leqq t \leqq 1$, $Z_{\max} = 15$.

4. Die Mischung enthalte x_i Einheiten F_i. Die LO-Aufgabe lautet
$$\begin{aligned} 0{,}5x_1 + 0{,}2x_2 + \phantom{0{,}4}x_3 + 0{,}3x_4 &\geqq 10, \\ x_1 \phantom{+ 0{,}2x_2} + 0{,}4x_3 + 0{,}5x_4 &\geqq 15, \\ 0{,}2x_1 + 0{,}5x_2 \phantom{+ 0{,}4x_3} + 0{,}2x_4 &\geqq 5, \\ Z = 20x_1 + 6x_2 + 33x_3 + 10x_4 &\ \min! \end{aligned}$$
Mit etwas Geschick bei der Auswahl der Hauptelemente erhält man in vier (drei) Simplexschritten
$$(x_1, x_2, x_3, x_4, y_1, y_2, y_3) = (0, 5, 0, 30, 0, 0; 3{,}5), \ Z_{\min} = 330.$$

5. a) $$\begin{aligned} \boldsymbol{A} \cdot (\mathfrak{x}_1 \cdot t + \mathfrak{x}_2 \cdot (1 - t)) &= \boldsymbol{A} \cdot \mathfrak{x}_1 \cdot t + \boldsymbol{A} \cdot \mathfrak{x}_2 \cdot (1 - t) \\ &\leqq \boldsymbol{b} \cdot t + \boldsymbol{b} \cdot (1 - t) = \boldsymbol{b}, \\ \mathbf{c}^{\mathrm{T}} \cdot (\mathfrak{x}_1 \cdot t + \mathfrak{x}_2 \cdot (1 - t)) &= \mathbf{c}^{\mathrm{T}} \cdot \mathfrak{x}_1 \cdot t + \mathbf{c}^{\mathrm{T}} \cdot \mathfrak{x}_2 \cdot (1 - t) \\ &= Z_{\max}(t + 1 - t). \end{aligned}$$
   b) $\boldsymbol{A} \cdot (\mathfrak{x}_1 \cdot t_1 + \cdots + \mathfrak{x}_n \cdot t_n) \leqq \boldsymbol{b} \cdot (t_1 + \cdots + t_n) = \boldsymbol{b}$.
   c) $\mathbf{c}^{\mathrm{T}} \cdot (\mathfrak{x}_1 \cdot t_1 + \cdots + \mathfrak{x}_n \cdot t_n) \leqq z_0(t_1 + \cdots + t_n) = z_0$.

d) $\boldsymbol{b} = \boldsymbol{A} \cdot \mathfrak{x} = \boldsymbol{A} \cdot \left(\mathfrak{x}_1 \cdot \frac{1}{2} + \mathfrak{x}_2 \cdot \frac{1}{2}\right) \leqq \boldsymbol{b} \cdot \frac{1}{2} + \boldsymbol{b} \cdot \frac{1}{2}$, also muß $\boldsymbol{A} \cdot \mathfrak{x}_1 = \boldsymbol{A} \cdot \mathfrak{x}_2 = \boldsymbol{b}$ sein.

6. a) $Z = \mathbf{c}^{\mathrm{T}} \cdot \boldsymbol{x} \leqq \boldsymbol{y}^{\mathrm{T}} \cdot \boldsymbol{A} \cdot \boldsymbol{x} \leqq \boldsymbol{y}^{\mathrm{T}} \cdot \boldsymbol{b} = \boldsymbol{b}^{\mathrm{T}} \cdot \boldsymbol{y} = V$.

b) Für eine beliebige zulässige Lösung $\boldsymbol{x} = \mathfrak{x}'$ der primalen Aufgabe gilt nach a): $\mathbf{c}^{\mathrm{T}} \cdot \mathfrak{x}' \leqq \boldsymbol{b}^{\mathrm{T}} \cdot \eta$, daher $\mathbf{c}^{\mathrm{T}} \cdot \mathfrak{x}' \leqq \mathbf{c}^{\mathrm{T}} \cdot \mathfrak{x}$.

Zu beachten ist, daß in den Aufgaben 5 und 6 beim Rechnen mit Ungleichungen stets nichtnegative Faktoren t, $1 - t$, t_i, $\boldsymbol{x}$, $\boldsymbol{y}^{\mathrm{T}}$ verwendet wurden. In Aufgabe 6a) wurden Ungleichungen addiert!

Kapitel VI.

1. a)
$$(x_{ik}) = \begin{pmatrix} 2 & 1 & & 7 \\ & 3 & & \\ & 1 & 7 & \end{pmatrix}, \quad Z_{\max} = 137.$$

b)
$$(x_{ik}) = \begin{pmatrix} & & 85 & 5 \\ 50 & 15 & & 10 \\ & 35 & & \end{pmatrix}, \quad Z_{\max} = 745.$$

c)
$$(x_{ik}) = \begin{pmatrix} & 40 & & & \\ 10 & 20 & & 40 & \\ 20 & & 40 & & \\ & & 10 & & 20 \end{pmatrix} \cdot t + \begin{pmatrix} & 40 & & & \\ 30 & 0 & & 40 & \\ & 20 & 40 & & \\ & & 10 & & 20 \end{pmatrix} \cdot (1 - t)$$

mit $0 \leqq t \leqq 1$, $Z_{\max} = 160$.

2. Da die Summe der a-Gleichungen gleich der Summe der b-Gleichungen ist, läßt sich jede der Gleichungen als Linearkombination der $m + n - 1$ übrigen darstellen und ist daher mit ihnen zugleich erfüllt.

3. a) Ist in der j-ten Zeile $c'_{jk} = c_{jk} + p$ $(k = 1(1)n)$, so gilt $Z' = Z + p \cdot a_j$; entsprechend $Z'' = Z + q \cdot b_j$.

b) Nach a) unterscheiden sich die Werte der Zielfunktionen nur um (von den x_{ik} unabhängige) Konstanten.

c) Man subtrahiere zunächst das kleinste Element in jeder Zeile von allen Elementen dieser Zeile; in der neuen Matrix subtrahiere man das kleinste Element in jeder Spalte von allen Elementen der Spalte.

Sachverzeichnis

Algorithmus, Gaußscher 10
—, verketteter 20, 30
allgemeine Lösung eines Gleichungssystems 59
Anweisung 19
äquivalente Gleichungssysteme 28
Ausgangstabelle 110, 131

Basislösung 107
—, zulässige 107
Basisvariable 107

Diagonalmatrix 58
Diagonalmethode 132
direktes Verfahren 83
Dreiecksmatrix, untere 58
duale Optimierungsaufgabe 129

Einheitsmatrix 45
Elemente einer Matrix 15
Endtabelle 114
Ergebniskästchen 18
Ergibtzeichen 18

Fehler 91
Flußbild 18

Gaußscher Algorithmus 10
Gauß-Seidelsches Verfahren 84
gestaffelte Matrix 76
—s Gleichungssystem 13
Gleichheit von Matrizen 40
Gleichung, überflüssige 68
Gleichungssystem, gestaffeltes 13
—, homogenes 59
—, inhomogenes 59, 64
—, lineares 30, 38
—, zugehöriges homogenes 59
—e, äquivalente 28

Hauptdiagonalelemente 45
Hauptelement 108
Hauptsatz über homogene Gleichungssysteme 77
Hauptzeile 108
homogenes Gleichungssystem 59

inhomogenes Gleichungssystem 59, 64
inverse Matrix 49
iteratives Verfahren 83

Koeffizientenmatrix 37
Komponenten eines Vektors 11

lineare Abhängigkeit 73
— Optimierungsaufgabe 104
— Unabhängigkeit 73
—s Gleichungssystem 30, 38
Linearkombination 73
Lösung eines Gleichungssystems 28
— — —, allgemeine 59
— — —, spezielle 59

Literaturhinweise

Aufgaben aus der Angewandten Mathematik, I, II, Akademie-Verlag, Berlin 1972, 1973.

BOREWITSCH, S. J., Determinanten und Matrizen, BSB B. G. Teubner Verlagsgesellschaft, Leipzig 1972 (Übersetzung aus dem Russischen).

BOSECK, H.. Einführung in die Theorie der linearen Vektorräume, 3. Aufl., VEB Deutscher Verlag der Wissenschaften, Berlin 1973.

BREHMER, S., und H. BELKNER, Einführung in die analytische Geometrie und lineare Algebra, 4. Aufl., VEB Deutscher Verlag der Wissenschaften, Berlin 1974.

DIETRICH, G., und H. STAHL, Matrizen und Determinanten und ihre Anwendungen in Technik und Ökonomie, 2. Aufl., Fachbuchverlag, Leipzig 1968.

GASTINEL, N., Lineare numerische Analysis, VEB Deutscher Verlag der Wissenschaften, Berlin 1972 (Übersetzung aus dem Französischen).

KERNER, I. O., Numerische Mathematik und Rechentechnik, Teil 1 und 2, BSB B. G. Teubner Verlagsgesellschaft, Leipzig 1970, 1973.

KIESEWETTER, H., und G. MAESS, Elementare Methoden der numerischen Mathematik, Akademie-Verlag, Berlin 1974.

KOCHENDÖRFFER, R., Determinanten und Matrizen, 5. Aufl., BSB B. G. Teubner Verlagsgesellschaft, Leipzig 1967.

KREKÓ, B., Lehrbuch der linearen Optimierung, 6. Aufl., VEB Deutscher Verlag der Wissenschaften, Berlin 1973.

MANTEUFFEL, K., und S. SEIFFART, Einführung in die lineare Algebra und lineare Optimierung, BSB B. G. Teubner Verlagsgesellschaft, Leipzig 1970.

PIEHLER, J., Einführung in die lineare Optimierung, 4. Aufl., BSB B. G. Teubner Verlagsgesellschaft, Leipzig 1970.

VOGEL, W., Lineares Optimieren, 2. Aufl., Akademische Verlagsgesellschaft Geest & Portig, Leipzig 1970.

Lösung eines Gleichungssystems, triviale 59
— einer LO-Aufgabe, optimale 105
— — —, zulässige 106

Matrix 15
—, gestaffelte 76
—, inverse 49
—, orthogonale 55
—, quadratische 45
—, reguläre 47
—, schiefsymmetrische 57
—, singuläre 47
—, symmetrische 55
—, transponierte 16
Matrizen, vertauschbare 57
Maximalfehler 92
Multiplikation einer Matrix mit einer Zahl 43

Nichtbasisvariable 107
Norm einer Matrix 101
— eines Vektors 101
Normalaufgabe 105
normierter Vektor 55
Nullteiler 56
Nullvektor 45

Operationskästchen 18
optimale Lösung 105
— Tabelle 119
Optimierungsaufgabe, duale 129
—, lineare 104
—, primale 129
orthogonale Matrix 55

primale Optimierungsaufgabe 129
Produkt einer Matrix mit einem Spaltenvektor 38
— zweier Matrizen 40

quadratische Matrix 45

Rang einer Matrix 74
reguläre Matrix 47
Restriktionen 104

Satz über die Lösbarkeit inhomogener linearer Gleichungssysteme 77
schiefsymmetrische Matrix 57
Schlupfvariable 106
sekundäre Zielfunktion 126
Simplexmethode 106
Simplexschritt 111
Simplextabelle 107
singuläre Matrix 47
skalares Produkt 17
Spalte einer Matrix 15
Spaltennorm 102
Spaltenvektor 11, 16
spezielle Lösung eines Gleichungssystems 59
Startkästchen 18
Stoppkästchen 18
Summe zweier Matrizen 43
symmetrische Matrix 55

Tabelle, optimale 119
transponierte Matrix 16
Transportproblem 104, 130
Transporttabelle 136
triviale Lösung eines Gleichungssystems 59
Turmzug 133

Untermatrix 72

Vektor 11
—, normierter 55
—en, linear abhängige 73
—en, — unabhängige 73
Verfahren, direktes 83
—, Gauß-Seidelsches 84
—, iteratives 83
Verflechtungssystem 8

verketteter Algorithmus 20, 30
vertauschbare Matrizen 57
Verzweigungskästchen 18

Zeile einer Matrix 15
Zeilennorm 101
Zeilensummenkriterium 89
Zeilenvektor 16
Zielfunktion 105
—, sekundäre 126
zugehöriges homogenes
Gleichungssystem 59
zulässige Basislösung 107
— Lösung 106